智能完井

井下监测系统设计及数据解释分析

王金龙 王樱茹 / 著

 中国石化出版社

内 容 提 要

本书详细阐述了智能完井井下监测系统的组成及关键技术，深入分析与总结了国外 Halliburton、Baker Hughes、Schlumberger、Weatherford 等公司与国内 CNPC、CNOOC 和北京蔚蓝仕等公司的智能完井井下监测系统设计，介绍了井下监测数据解释分析方法，解释说明了流量控制阀调控各产层压力与产量的机理。

本书可供从事石油行业的工程技术人员使用，也可供从事传感监测技术、测控技术等相关领域的技术人员参考，具有较强的实用性。

图书在版编目（CIP）数据

智能完井井下监测系统设计及数据解释分析/王金龙，
王樱茹著. —北京：中国石化出版社，2020.12
ISBN 978 - 7 - 5114 - 5677 - 9

Ⅰ.①智…　Ⅱ.①王…②王…　Ⅲ.①智能技术 –
应用 – 完井　Ⅳ.①TE257 – 39

中国版本图书馆 CIP 数据核字（2020）第 258756 号

中国石化出版社出版发行

地址：北京市东城区安定门外大街 58 号
邮编：100011　电话：(010)57512500
发行部电话：(010)57512575
http://www. sinopec-press. com
E-mail：press@ sinopec. com
北京中石油彩色印刷有限责任公司印刷
全国各地新华书店经销

*

710×1000 毫米 16 开本 8.5 印张 151 千字
2021 年 5 月第 1 版　2021 年 5 月第 1 次印刷
定价：50.00 元

前　　言

生产测井和试井等常规技术监测得到的油藏和油井井下信息十分有限，且这些监测技术的作业时间很可能不是诊断生产问题或油藏动态变化的最佳时机，经常无法准确地描述油井与油藏的生产特征。另外，定期生产测井和试井的成本高昂，因为作业停产造成的损失更大，特别是海底作业费用更是惊人。智能完井井下监测系统能够连续不断地对地层进行长期监测，提供大量的、连续的井下监测数据，可以随时了解井下与油藏的生产状况并及时做出生产决策，同时大大降低常规生产测井的作业成本。

智能完井技术可让生产管理者有序管理油、气、水层，按管理者的意图控制地层 – 储层流体的流动，既可分采又可合采；也可实现分段封隔、选择性分级压裂酸化、重复压裂酸化等；更为实现信息化、智能化、自动化、数字油田奠定基础。最终实现大幅度提高产量、提高采收率并降低开发成本。智能完井技术是我国油气田实现智能化、智慧化油气田的新兴技术。

全书共7章。第1章对智能完井技术的概念进行了定义，介绍了智能完井技术的特点与优势，简述了国内外智能完井技术研究现状及发展趋势。第2章对智能完井的关键系统之一的井下监测系统进行了详细分析。第3章重点分析了国外 Halliburton、Baker Hughes、Schlumberger、Weatherford 等公司与国内 CNPC 和 CNOOC 等公司的智能完井井下监测系统的典型设计。第4~7章通过多层合采智能完井流入动态理论的分析解释说明了流量控制阀调控各产层压力与产量的机理，利用采油工程、流体力学等理论讲解了井下监测数据解释分析方法。

本书由王金龙编写并统稿，王樱茹进行校订和完善。

本书得到了西安石油大学优秀学术著作出版基金、油气藏地质及开发工程国家重点实验室开放课题（No. PLN2020-14）和西安石油大学青年教师创新基金的资助与支持。

由于作者学术水平有限，书中难免存在不妥之处，恳请读者批评指正。

目　　录

1 绪 论

1.1 概 念

智能完井(Intelligent Completion/Smart Completion)——井下安装永久型压力、温度、流量等传感器,地面可控井下滑套,穿线式封隔器,井下测控装置,井下通信系统等,使作业者不需物理干预(不必进行各项采油修理工作)就能进行遥测(对井下各层段流出或注入的流体进行压力、温度等参数的长期监测)与遥控(在油藏选择层段/层间遥控油井液流流动或注入)以及远程优化生产(碳氢化合物生产和油藏管理方法允许的优化)的先进完井方法,智能完井后的井才是智能油气井(Intelligent Well/Smart Well),智能完井系统组成如图1.1所示。智能特征体现在由传感器采集到的信息经过数据处理(消除异常点、数据降噪等)与数据解释(各个层段产量、含水率、渗透率等)后输入油藏模型进行实时拟合并更新油藏模型(实现油藏实时动态监测),再通过生产优化控制策略制定出各个流量控制阀(Inflow Control Valves, ICV)的最优开度组合,给流量控制阀以开度指令,从而调控油气藏与井筒内液流流动方向、流量、关闭或打开,整个工作过程形成一个完整的闭环控制,智能完井技术闭环工作流程如图1.2所示。

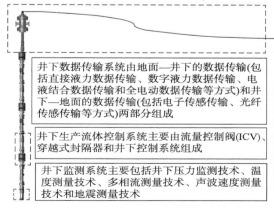

井下数据传输系统由地面——井下的数据传输(包括直接液力数据传输、数字液力数据传输、电液结合数据传输和全电动数据传输等方式)和井下——地面的数据传输(包括电子传感传输、光纤传感传输等方式)两部分组成

井下生产流体控制系统主要由流量控制阀(ICV)、穿越式封隔器和井下控制系统组成

井下监测系统主要包括井下压力监测技术、温度测量技术、多相流测量技术、声波速度测量技术和地震测量技术

地面数据采集、处理与生产优化控制系统涉及地面监测与控制设备、数字信号采集与处理技术和地面数据管理与数据挖掘技术以及油藏数值模拟、油藏控制模型选择、优化控制算法等技术

图1.1 智能完井系统组成

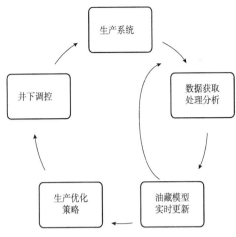

图 1.2　智能完井技术闭环工作流程图

　　智能完井技术正在发展成为一种具有一定人工智能的智能化完井技术，但是应当注意的问题是，目前智能完井的概念并非是指使生产系统具有自动化控制或优化生产的能力，智能完井尚需借助人工界面发出指令，以实现对生产油井的控制，智能完井技术图解如图 1.3 所示。智能完井技术为石油资源提供了一种更智能化、更灵活可变的管理，正受到越来越多的关注，并将成为 21 世纪石油工业的一项重要技术。

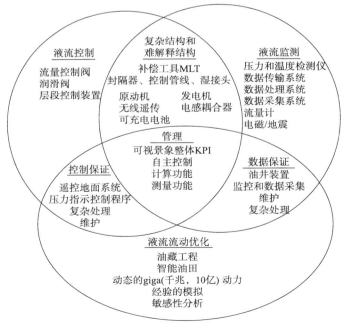

图 1.3　智能完井技术图解

根据国外成功的应用经验，智能完井技术广泛适应于各种油气藏，特别是海上油气田开发和低渗透油气田开发。通过对直井、水平井（H）、长水平井（LH）、多分枝水平井（ML）、最大油藏接触面积井（MRC）等复杂结构井进行智能完井，配合生产优化控制可实现大幅度提高单井产量与生产周期，高效注水开发和大幅度提高油气采收率，甚至对老井改造（侧钻水平井、分支井等），进行智能完井，能使低产井、停产井、躺倒井、高含水井等恢复和提高产能，收到起死回生（焕发青春）之效。智能完井技术之所以具有突出的油气田开发优势，主要是由于其能够在油井投产后的生产过程中实现：

（1）控制流动，包括控制不希望的地层流出液流，可以根据实际油藏情况，按照需要注入量分层注水，减少了注入量，提高了注水开发的效率；

（2）分布式注入，可以根据实际油藏情况，按照需要注入量分层注水，减少了注入量，提高了注水开发的效率；

（3）控制多层分、合采，多井分采转成智能井多油层合采后，智能井既可以对油藏中的某一层进行单层单独开采，也可实现多油层同采，如图1.4所示；

（4）自动气举，如图1.5所示；

（5）自流注水，如图1.6所示；

（6）组分（成分）组合（掺和，混合）；

（7）井眼稳定与复杂井结构调整；

（8）避免井间层段干扰。

同常规完井相比，智能完井技术能提高产量并维持长期稳产。因此，无论是陆地井、海上平台井、海底井口井都能实现有控的最优工作模式。

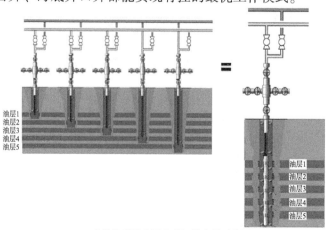

(a)多井分采转多层合采智能完井示意图

图1.4　有控制的合采智能完井技术

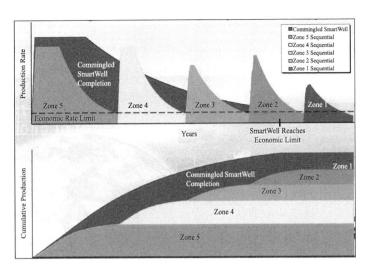

(b)分合采的累积产量与智能完井
多层合采累积产量分布图

图 1.4　有控制的合采智能完井技术(续)

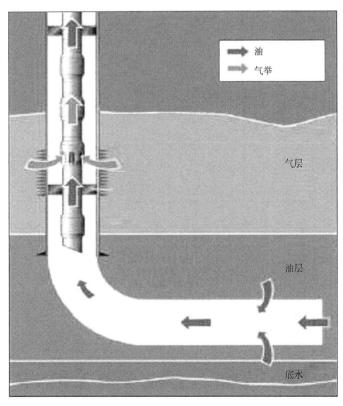

图 1.5　自动气举智能完井技术

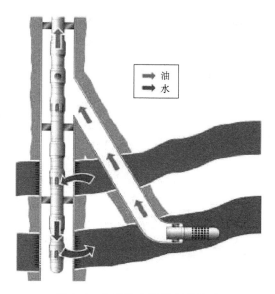

图 1.6　自流注水智能完井技术

为什么要进行多分支、多层段、多分级智能完井？因为油气藏地质的复杂性决定了：当采用最大化油藏接触面积井提高单井产能生产时，地层的复杂层间能量关系、物性差异、流体渗流速度、油气水动态分布、注采的非均匀、裂缝-断层-高渗带存在等，必然引起流动层段的相互干扰，结果是当其中一个或多个层段发生不利于井的生产因素时，就会影响油气井的生产，甚至引起停产。而通过智能完井技术可让生产管理者有序管理油气水层，按管理者的意图控制地层-储层流体的流动，既可分采又可合采；也可实现分段封隔、选择性分级压裂酸化、重复压裂酸化等；更为实现信息化、智能化、自动化、数字油田奠定基础。最终实现大幅度提高产量、提高采收率并降低开发成本。

1.2　特点与优势

智能完井技术作为一项新型的油藏管理技术，与常规生产技术相比，其技术优势突出表现在以下几个方面。

（1）地面遥控滑套动作：在地面上可以诊断出流量控制阀的开度，可以在地面上选择性开关或控制某一油层的生产，可以根据油井生产情况进行井身结构重配来调控生产剖面。

（2）实时监测：可以对各个生产层段的井下生产信息（如压力、温度、流量等）

进行远程实时监测，同时将监测到的数据传输到地面上的计算机进行储存，所监测数据具有连续性，而且，最大限度地减少了测井的工作量。

（3）便于油藏管理：井下监测的长期数据比传统的短期测试数据更广泛，能够提供的油藏信息更多，有利于油藏工程师进行油藏建模。监测数据主要有单井数据（如压力、温度、流量、含水、黏度和组分等），还有井间数据（如地震、波动、声波、电磁成像等），监测信息的广泛将油藏管理向着精确的流体前缘图解和油藏描述方向发展，实现油藏的实时分层段控制与优化开采。

（4）增加油气资源可采储量，提高油田最终采收率：可以根据各油层渗透率与油藏压力分布独立控制各生产层段流体的流入量或注入量；可以充分利用地层天然能量开采；可以有效控制层段间干扰；可以延迟水突破抑制含水率上升；可以延长油藏稳产期；可以调节油藏的生产动态；可以高效注水开发，降低无效水循环。

（5）控制不同层段生产流体的流量：可使油、气从多个层段同时生产并在主井筒中进行混合，使油、气以最高的产量生产；各层段的流量控制装置将全井筒内流体的压力调节均衡，使各生产层段以各自的生产压差同时生产，控制不同生产层段的产量。

（6）节约生产成本，最大限度地降低基建费用和作业费用（OPEX）：可以减少开发油田需要的油水井总数；还可减少常规人工作业次数，最大限度降低作业费用；当指定油气藏开发完毕后，整套智能完井井下系统可以从井下回收到地面，经过检修后可以重复使用到其他的油气水井中，从而降低生产成本；同时，还大大避免修井作业引起的关井时间问题。

（7）由于消除了关井时横向流动所造成的影响，可以进行每个生产层段的压力升降分析；由于消除了多层合采混合流动分析引起的误差，容易进行物质平衡计算并且更加精确。

（8）能够利用邻层气进行气举：通过遥控调节流量控制阀开度能够优化常规气举方法。

（9）能够使一口井起到多口井的作用，既可以对油藏的多层进行合采，对多分支井进行监测与控制，又可以在一口井上同时实现注入、观测与生产等多种功能。

（10）具有很好的"三性"（机械力学整体性、整体水力密封性、管柱重入性与选择出入性），且已在小井眼（裸眼尺寸 $3\frac{7}{8} \sim 4\frac{1}{8}$ in）中实现应用智能完井技术。

1.3 关键技术分析

1.3.1 井下监测技术

井下监测技术主要是指在高温、高压的井下环境中安装永久式传感器(包括压力/温度传感器、流量及流体组分传感器、滑套位移传感器等)监控与测量井下生产信息。

现用于井下监测压力/温度的传感器主要是电子传感器(溅射薄膜敏感元件、石英、硅晶体电子传感器等)、光纤传感器。由于光纤传感器可以极大地提高井下高温监测系统的可靠性,近几年来,光纤传感器技术发展迅速,并已成为目前智能完井技术中井下监测系统的主流选择。

1.3.2 井下生产流体控制技术

井下生产流体控制技术组成主要包括:滑套(流量控制阀)、井下控制系统和封隔器。

(1)滑套(流量控制阀):是智能完井技术中控制各产层流入动态的关键控制装置,通过利用流量控制阀的节流功能可以关闭、开启或节流一个或多个产层,实现对不同产层或者分支流量的单独控制,实时调整产层间的压力、流体流速、井筒流入动态,实现油藏的实时控制与优化开采,是控制各产层流入动态的主要控制装置。控制机理主要是通过地面控制和界面系统向井下下达命令和向工具控制器发出指令来控制井下滑套。

(2)井下控制系统:可以减少井下控制管线数量并实现地面独立控制井下每个流量控制阀的滑套动作。根据滑套驱动方式不同,井下控制系统包括五种方法:直接水力系统、数字水力系统、电-液系统、迷你水力系统与纯电子控制系统,其中前四种井下控制系统为液力型,液力型井下控制系统控制机理与方法如图 1.7所示。

(3)智能完井技术用的油管封隔器除了设计有传输线/控制线通过的贯穿孔以外,与常规完井所使用的封隔器没有本质的区别。目前,已开始将遇油、气膨胀封隔器用在智能完井技术中。

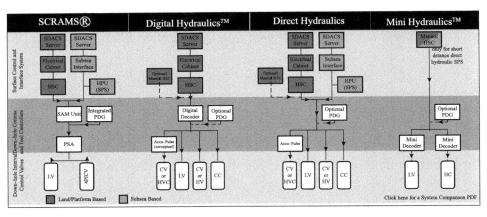

图 1.7　液力型井下控制系统控制机理与主要方法

1.3.3　井下数据传输技术

井下数据传输技术包括电源线、仪表电缆、液压控制线、光纤电缆等传输管线及管线保护装置、井口贯入技术、井下湿式断开装置和井下电缆或管线断开与接通装置。

井下数据传输技术关系到整个智能完井技术的可靠性、稳定性，为了使智能完井井下系统中的液压管线、光缆、电缆等在下入和使用过程中不被损坏，提高系统的安全性和可靠性，已有的智能完井技术采用的方法是将这些线缆封装在一起。例如，将电力线和数据传输线与电泵电缆集成在一起，或者将光纤电缆与液压控制线集成为一体送到井下，甚至将智能完井电缆搭接在生产管柱外面。但是由于井下的环境复杂恶劣，因此对传输管线的材质选择、管线保护装置的结构以及为减少和优化液压管线/传输线数量而展开的研究都是非常重要和必要的。

此外，由于智能完井技术中某些部件或设备的寿命期是有限的，在整个油井生产过程中需要不断取出更换，如 ESP，当 ESP 与传输电缆配置在同一生产管线上时，就必须为液压控制线和电源线提供井下湿式断开装置。一旦电泵重新安装回原来的位置，液压湿式连接装置可以使井下完井设备与控制系统重新集成到一起。

1.3.4　地面数据采集、分析处理与管理技术

地面数据采集、分析处理与管理技术主要由设备部分(包括微型 CPU 或单板机、接口、解码器、存储器、电源、泵组等)和计算处理软件部分(涉及数字信号处

理、多源信息融合技术、远程技术等)构成。地面数据采集、分析处理和管理技术主要是完成对井下传感器采集的、没有经过处理的原始数据进行解码、滤波、校正等处理(通常这些数据在处理前是无法被识别或被正常使用的),然后通过油藏工程方法、油藏数值模拟与预测方法,对生产动态数据进行分析和挖掘,形成最佳油藏控制方案,并通过地面控制系统将信息反馈到井下执行器,完成油藏实时控制的过程。

由于所采集的多源信息中可能包含大量的噪声和异常点,或者采集的信息存在缺失,因此需要数字信号处理技术对所采集的信息进行清洁、过滤、降噪、特征提取、数据简化、融合等数据分析与处理,以形成关于被测储层的一致性描述和有效的监测数据,为油藏的优化控制提供可靠的数据依据。

同时,由于在智能完井技术中,对井下数据(如压力、温度、流量等)的采集一般为每 1 s 或每 10 s 采集一次,采集时间可能持续多年,因此需要通过数据采集系统的接口设备,利用远程技术将采集的海量数据传送至远程服务器进行存储与管理。

1.3.5 智能完井生产优化控制技术

利用井下永久监测系统采集到的井下实时数据,对油藏模拟模型进行更新和微调,并借助优化控制算法,通过控制井下各个流量控制阀打开程度来优化油藏生产动态,从而实现最高采收率(或净现值)是智能完井优化控制的目标。智能完井生产优化控制技术涉及油藏数值模拟、油藏控制模型选择、优化控制算法与自动化控制模型等技术。

1.4 国外智能完井技术研究现状

随着油气勘探开发的发展,沙漠、深海、边界等特殊油气藏越来越多,储层也越来越复杂,为了有效地开发这类油气藏,水平井、分支井的数目也日益增加,常规完井方式已不能满足这类井的要求;油田开发过程中同一口井不同层位或同一层位不同层段含水不同的情况很多,常规完井技术无法调整生产层位,不能控制多层合采的水气锥进问题,开采效果差;此外,很多油气田开采进入高含水后期,油气层性质差距大,常规完井技术不能满足高含水井的正常生产要求而导致关井;油气藏状况和恶劣的环境条件,即深水、海底、高温高压、混采和浮式采油等,不断地对常规生产管理方式提出挑战。这些复杂的技术、经济和环境等挑战性问题是当前油气开发的特点，而更好地应对这些挑战则是发展智能完井技术的主要推动力。

20 世纪 90 年代后期出现了无需修理干预的实时流量控制技术。在此之前，只能通过钻机进行干预或挠性管传送射孔、挤注或换套筒来调整产层的流量。与此同时，Baker Hughes、Schlumberger、ABB 和 Roxar 等几家公司都开发了对井下进行监控的智能完井技术。Halliburton 公司和北海石油服务工程公司合作开发的 SCRAMS（地面控制油藏分析管理系统），被认为是最早的电子液压智能完井技术，在 1997 年应用于北海的 Saga 张力腿平台上。1997 年 Baker Hughes 和 Schlumberger 公司联合开发了电子智能流量控制技术，被称为"InCharge"。Baker Hughes 还独立研制了一项液压式智能完井技术——"InForce"。这两套系统分别于 1999 年和 2000 年在巴西的 Roncador 油田和挪威的 Snohe 油田得到了现场应用。2004 年，智能完井技术所占市场份额为 1 亿美元，2005 年达到 2 亿美元。智能完井技术是为了适应现代油藏经营新概念和信息技术在油气藏开采和应用而发展起来的新技术。可以预见，随着技术的发展，该技术的价值逐渐在更加广泛的市场得到体现。智能完井技术发展进程如图 1.8 所示。

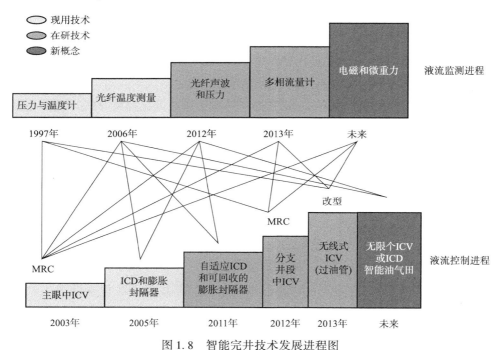

图 1.8　智能完井技术发展进程图

当前，国外主要拥有智能完井技术的公司以 Halliburton、Baker Hughes、Schlumberger、Weatherford 四家公司为主，各公司市场份额分布如图 1.9 所示。这些公司智能完井技术的广泛应用，大大加快了油气藏开采的速度，提高了油气田的最终采收率。

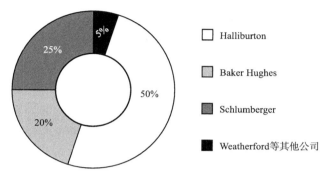

图 1.9　国外拥有智能完井技术公司市场份额分布

1997 年 8 月 Halliburton 公司在北海 Snorre 油田成功完成世界上第一口智能完井以来，智能完井技术已经在北海、巴西、挪威、沙特等多个地区的油气田得到广泛应用。截止到目前国外采用智能完井技术的油气井将近 2000 口，使用范围从开发后期的老油田到对技术要求苛刻的深水油气田，广泛应用于各种油气水井。智能完井技术可以"随管理者意图"实现单井多层段、多分支选择性生产和注入，实时优化控制各层段或分支井的流动。智能完井技术应用井型如图 1.10 所示。

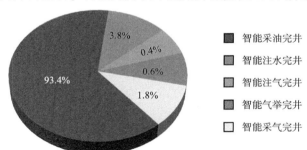

图 1.10　国外智能完井技术应用类型

1.4.1　国外公司的研究成果

（1）Halliburton 推出的智能完井技术包括地面控制系统、控制系统和井下设备三大部分。

（2）Baker Hughes 研制出了石油行业第一套高级智能完井技术——InCharge 智

能完井，该技术实现了完全电气化，可以远程实时遥控生产作业和注入管理。In-Charge 使用可变阻流器和高精度压力温度传感器，对油管和环空中井底油层的实时压力、温度和流量及油井的生产和注入情况进行监测，对各个油层的流量进行连续监测和控制。该系统还可以通过个人计算机选择打开或者关闭某一产层。

（3）Schlumberger 已在 14 口井上安装了可回收式流量控制器，其中 8 套应用在 Troll 油田，3 套应用在 Oseberg 油田、3 套应用在 Wytchfarm 油田。第一套全电控智能完井技术于 2000 年 8 月在 Wytchfarm 油田应用，当油井老井眼出水时，从老井眼中钻两个分支井眼，并对每个分支井眼进行井下流量控制，从而有效恢复了油田产能。Schlumberger 还独立开发了自己的智能远程操作系统，它与 IRDV 或 IRIS 双阀系统相配合使用，而且使用该公司开发的数据存储器和井下记录仪，在地面实时读出流量控制阀的压力、环空压力和温度。系统中 TRFC——E 油管可回收式流量控制系统是智能完井中的主要部件，它有一个流量调节阀，可通过井下生产监测系统提供实时数据，通过地面控制站用电信号来调节。

（4）Roxar 公司通过继承 Smedvig 技术公司的技术，在地面实时读出井下压力、温度。主要研制出 PROMAC 井下压力仪。在多分支井和复杂结构井完井时，可控制每个产层的产量，它不仅可完全控制油管内和油层中的压力和温度，而且可提供控制阀滑套位置的准确信息。

（5）ABB 公司智能完井技术是一个综合性可视化系统，在油层中安装一个永久性地震传感器，来对井下油藏进行监控。目前正在进行传感器结合井下流量控制阀和控制系统总成的试验。随着智能完井技术的发展，操作人员可根据油藏特征，制定出合理的开发方案。可用该系统进行合采，且可根据油井的具体情况来限产。

（6）英国 Shell 公司于 2001 年底在北海的一口水平井中安装了流量智能控制阀，通过可调油嘴，实现对油层的遥控。

1.4.2　国外公司主要智能完井技术

1.4.2.1　SmartWell 智能完井技术

SmartWell 完井技术是 Halliburton 研发的液控型智能完井技术，第一套 Smart-Well 于 1998 年成功应用于 Brunei 油田。该系统主要包括地面分析和控制系统、液控型流量控制阀（ICV）、HF-1 型穿越式管内液压坐封封隔器、永久式井下传感器、液压控制管线和电缆传输管线。SmartWell 通过井下传感器采集每个储层的压力和温度数据，并且能以液压控制井下流量控制阀，优化油藏生产方式。HF-1

型穿越式管内封隔器用于封隔邻近的两个储层，它在常规采油封隔器的基础上添加了能穿越液压控制线和电缆传输线的贯穿孔。该封隔器最多允许穿过 5 条线缆，其中包括 1 条电缆和 4 条液压控制线，最多能实现 3 个油层或分支井的智能开采。SmartWell 系统的流量控制阀为液压直接水力流量控制阀，利用 2 条液压管线进行控制，只能够进行打开和关闭操作，采用了金属密封技术，最大密封能力达到 105MPa，耐温能力达到 177℃。传感器采用了高精度、高分辨率的电子传感器技术，具有体积小和耐温能力高(150℃)的特点。

1.4.2.2 InForce 智能完井技术

InForce 完井技术是 Baker Hughes 生产的液控型智能完井技术，利用 HCM 遥控液压滑套、隔离封隔器以及井下永久计量监测仪来实现远距离流量控制，缩短了改变井下条件前的探测和反应时间。InForce 的井下永久石英计量仪监测井下实时压力和温度数据，由 1 条单芯电缆给各个计量仪提供电力和通信渠道，最终将信号传给 SCADA 控制系统。SCADA 控制单元可以自动或手动方式通过专用的液压控制管线在地面遥控井下流量控制阀的打开或关闭，每个滑套需要 2 条液压控制管线驱动。InForce 将 HCM 遥控液压滑套进行改良，设计了外罩式液压滑套装置，该装置能控制管内流体的通过。该设计成功地将控制下方储层的流量控制阀上移至封隔器上方，避免了液压管线穿过封隔器，在一定程度上提高了系统的可靠性。

1.4.2.3 SCRAMS 智能完井技术

将液压控制管线和电缆硫化在扁平的橡胶带中，液压控制管线为 SCRAMS 提供液压驱动力。其安装了电-液井下控制系统，即通过电缆控制电磁阀对液压力进行换向，再把这个力传递给流量控制阀活塞的每一侧。相比 SmartWell 完井技术，由于 SCRAMS 采用了先进的电-液井下控制系统，减少了控制管线的数量，整个井眼只需 1 根液压管线和 1 根电缆便能智能控制井下的开采。SCRAMS 系统的突出特点是设计了冗余的液压和电缆的控制传输系统，利用 2 套独立的液压和电缆管线同时完成滑套的无级流量控制，以便准确控制流入或流出油层的液体。

1.4.2.4 InCharge 智能完井技术

InCharge 是首次完全依靠电力驱动和传输的智能完井技术，完全实现了电气化，可以远程实时遥控生产作业和注入管理。InCharge 使用可变阻流器和高精度压力、温度传感器，对油管和环空中井底油层的实时压力、温度和流量及油井的生产和注入情况进行监测，对各个油层的流量进行连续监测和控制。无级流量控制器允许对单层流量无级调节，可利用电缆灵活调整每个储层的单层流量。In-Charge 利用 1 根 6.35mm 的电缆作为控制线和传输线，能够同时监测和控制井下 12 个储层的智能开采，即可以通过个人计算机选择打开或者关闭某一产层。

1.4.2.5 光纤监测技术

Weatherford 的光纤监测技术能够提供整个井下剖面的实时数据，而不仅仅是单点数据。随着温度在井中的变化，它会影响激光脉冲光源沿光纤束反向散射的方式，并因此而指示出井底温度和深度，这种提供连续剖面数据的能力在监测井下生产状况方面是独特的。井下光纤传感器能够连续监测井眼温度的最小距离达到了 0.5m，基本实现了全井的温度监测。光纤技术与传统的电子传感器相比，具有更好的耐温、耐腐蚀特点，不受电磁信号的影响，具有更高的可靠性。Weatherford 利用光纤传感器技术代替了常规的电子传感器，与纯液压、电动液压控制系统相结合，能够完成全井立体实时监测，方便快捷地调整井下多个储层的开采。

1.4.2.6 Swellpacker 穿线式自膨胀封隔器技术

Halliburton 的穿线式自膨胀封隔器技术采用特种遇油、遇水膨胀橡胶，在裸眼完井中具有自我修复能力强、膨胀系数高和密封压力大的特点。穿线式自膨胀封隔器是预先在封隔器橡胶层割槽，在封隔器入井时将液压控制管线或电缆完整地穿过橡胶层，无需切割和拼接，待自膨胀封隔器到达设计位置遇油（水）坐封后，它会自行密封线缆和橡胶层之间的间隙。穿线式自膨胀封隔器技术在使用时无需切断和连接线缆，具有较高的可靠性。

目前，智能完井技术根据井下滑套控制方式主要分为全电动式、电动-液压式和光学-液压式。全电动式是智能完井技术的未来发展方向，由于液压式稳定性强，仍占智能完井技术主导地位。此外，智能完井技术在国外已经应用到水平井、大位移井、分支井、边远井和水下采油树井及多层采油井和注水井中。智能完井技术正在飞速发展，现在的问题已经不是这种技术是否有效以及能否创造价值，而是终端用户的基础设施是否有能力最佳地利用这种技术。

与常规完井生产相比，国外智能完井技术可以提高单井产量 20%～300%，含水率可以降低至 10% 以内，净现值增加 100% 以上，提高采收率 10% 以上，避免高昂的修井作业，有效预防油藏水体突破，真正实现少井高产的目的。国外公开资料统计显示智能完井技术应用数量以每年 100 口左右速度快速增长，应用市场广阔，国外智能完井技术应用情况如图 1.11 所示。

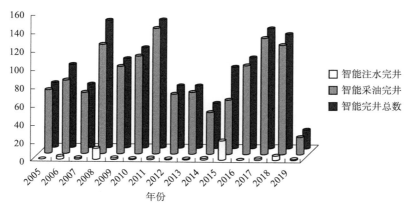

图 1.11　国外智能完井技术应用情况

1.5　国内智能完井技术研究现状

从 2001 年开始，中国石油、中国石化和中国海油等石油企业相继开始智能完井技术研究。历经多年的研究，智能完井技术的研究突飞猛进，已经成功研制出部分产品，使智能完井技术在国内 10 余个油田得到广泛的应用。

1.5.1　国内智能完井技术应用现状

1.5.1.1　穿越式封隔器方面

胜利油田研制的高强压缩式管外封隔器整体性能接近国外同类产品的水平，遇油、遇水自膨胀管外封隔器已经能够满足现场应用的要求。

1.5.1.2　光纤传感器监测方面

辽河油田开展了稠油热采动态监测技术研究，研制了新型金属绝热技术和波长解调型光纤压力传感器系统，光纤传感头采用光纤-厚壁石英管激光熔接的无胶封装方式，解决了高温环境下的传感器高压密封和光纤保护问题。目前，该传感器已成功地应用于辽河油田曙光采油场油井下的压力实时监测。胜利油田的研究机构申请了"永置式井下智能监测装置"的专利，能够实时地监测井下压力、温度数据。

西安石油大学在油气井下高温、高压光纤传感检测方面取得了突破，完成的

"高温高压分布式光纤光栅传感技术"荣获 2007 年度国家技术发明奖二等奖。

北京蔚蓝仕科技有限公司申请了用于智能完井的光纤多点温度与压力测量方法及其装置的专利，通过光缆和地面的解调器，可以实时读取井内不同油层的温度和压力。

1.5.1.3 智能完井在采油方面应用

中国石油勘探开发研究院进行智能分层采油井现场试验。该井可以实现井下分层动态实时监测压力与温度数据以及各层段流量控制，提高采收率 10%。

大庆油田在 9 口水平井上使用了智能水平完井技术，使用智能完井技术后，利用智能完井的实时监测功能，监测油井的含水情况，及时关闭高含水层，控制油井在低含水层或低含水部位进行生产，调控后平均单井产油量从 2.1t/d 提高至 3.5t/d，平均含水率从 89.2% 降低至 70.6%。

辽河油田为了快速找到与开发剩余油并解决层间矛盾，使用智能完井分采技术调控三个层段的生产。连续产了 443d，平均日产液 32t，平均日产油从 2t 上升至 6.8t，综合含水率下降了 20% 为 78.8%，累计增产原油 2126.4t，智能分层控采技术实施效果显著。

胜利油田在孤东油田某油井使用智能完井多层合采技术后，获得到产液剖面、分层压力、流体性质和地层参数等。单井日产液从 111.5t 降低至 60t，产油量从 0.3t/d 提高至 20t/d，含水率从 99.7% 降低至 66.3%，生产 14 个月累积增油 960t，减少了作业次数和作业费用，避免了层间干扰和井筒压井液影响。

中国石化石油工程技术研究院为解决鄂尔多斯盆地南部致密油藏水平井大规模压裂开发以后面临的低产、低液和低效问题，计划使用智能完井技术进行智能分采。选择 5 口水平井进行现场试验，平均单井产油量从 1.28t/d 提高到 5.4t/d，含水率从 99% 降低到 73.2%。该技术能够有效采集生产数据，降低含水率，提高产量，并且具有施工成本低和调层方便等优点，可以为致密油藏水平井控水、稳油高效开发提供有效的技术支撑。

中海油能源发展股份有限公司开发出液-电型智能完井技术，即直接液力驱动多级型流量控制阀，井下电子压力、温度传感器与流量计测量压力、温度与流量等信号，并通过电缆将测量信号传输到地面，全部实现国产化并且形成智能完井商业化产品。

1.5.1.4　智能完井在分层注水方面应用

长庆油田在某超低渗区块现场 20 口注水井应用智能完井技术试验，确保分注井全天候达标注水，实现了精细配水，有效控制单层突进，减少无效水循，并真实掌握油藏开发动态过程，减少年测调费用 100 余万元。

大庆油田在 54 口注水井中使用电控智能完井技术进行分层注水，实现选择性注水目标。智能分层注水后，试验区内砂岩吸水率从 67.58% 增加到 79.05%，吸水层厚度从 50.7% 增加到 77.5%，单井平均产油量从 8.4m³/d 增加到 9.5m³/d。油田应用结果显示：智能分层注水技术提高了水驱开发效果，高渗透率层段得到有效控制，有效改善了注水剖面。

华北油田在注水井上使用智能完井技术进行智能精细分注应用。35 口智能分注，累计增油 1.7 万余吨，节约各种测调费用 688 万元，降本增效显著。

河南油田使用智能注水完井 78 口，累计增注 $5.9 \times 10^4 m^3$，控制无效注水 $6.6 \times 10^4 m^3$，增油 9160t，减少注水量 $17.7 \times 10^4 m^3$，减少作业费用 499 万元，创产值 4428 万元，创效益 1231 万元，取得了良好的经济效益和社会效益。

江汉油田井下分层智能注采控制技术现场应用效果好，达到国内先进水平。智能分层开发技术累计应用 315 口井，措施成功率 92%，累计增油 $4.3 \times 10^4 t$。

中海油能源发展股份有限公司开发出的电缆永置智能测调分层注水技术具有水嘴连续可调、测试数据实时直读、分层调配及参数实时监测功能，可较好地满足海上油田精细化分层注水的需求。

国内智能完井技术应用表明：与常规井生产相比，智能完井技术可以提高单井产量 10% 以上，含水率降低 10% 以上，注水效率提高 18% 以上。截至目前，公开资料统计显示：国内已经应用各类智能完井技术达 900 余口，西部油田使用各类智能完井技术 55 口，采油井应用智能完井技术占 36.6%，注水井应用智能完井技术占 63.4%，国内智能完井技术应用情况如图 1.12 所示。从 2014 年开始，国内智能完井技术应用数量正以每年 70 口左右的速度大幅度增长。

国内智能完井技术应用从东部浅层的中高渗油藏走向西部深层及超深层的低渗透油藏，从常规油藏开发到非常规致密油藏开发，都得到了良好了开发效果。由于智能完井技术在调控层间干扰、提高采收率与降低生产成本方面的独特优势，其在国内油气田开发中具有广阔的发展空间与应用市场。

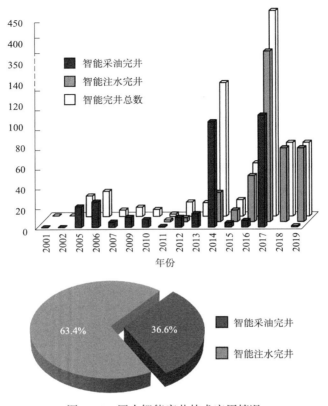

图 1.12　国内智能完井技术应用情况

1.5.2　井下组件与元器件的可靠性问题

智能完井技术要求井下的组件寿命至少要达到 10 年以上，可靠性要达到 95% 以上，因而井下组件的可靠性和寿命是妨碍智能完井技术发展的主要障碍。目前国产的元器件质量和性能难以保证，全部依赖进口，智能完井的成本高居不下，这在很大程度上限制了智能完井技术在国内油田的推广和应用。

国内的油藏条件增加了智能完井技术的难度。在国外，智能完井技术往往用于高产油井，这些井的自喷期长，其生产不用举升设备，完井管柱即生产管柱，不需要修井，智能完井管柱可以长期稳定地工作。而在国内，油藏能量相对较低，虽然也有一些高产井，但自喷期相对短，智能完井管柱的设计必须考虑与生产管柱的结合，在对生产管柱进行作业时，会对智能完井管柱产生影响甚至破坏。

1.6 智能完井技术发展趋势

智能完井技术的进步将使一个开发单元的控制逐步由输入数据控制向基于油井的日配产情况的定值控制转变，所有油藏、油田和油井的优化都将实现自动化，仅需要少数人工或不需要人工参与的优化开采，将自动监测油井井下的压力、温度和流量，并利用这些连续数据自动修改油藏模型，调整井下阀门开关状态，优化原油开采，减少水和气的采出，从而实现真正意义上当智能油田。

目前，国内外智能完井技术围绕以下几个方面发展：

(1)在数据处理与解释方面，目前还缺乏处理大量数据、解释数据并从中获得有用信息所需要的有效软件。

(2)智能完井井下装置要求更高的可靠性，航天技术公司正在参与相关的研究项目并开展了这方面的技术攻关。从井下传感器和仪表到地面通信是该技术中尚待解决的一个重要问题。英国石油公司指出，油藏开发和管理决策需要井下智能装置所提供的资料，而井下智能装置系统需要先进的通信系统，包括井下传感器，遥测、遥控系统和海量数据的管理系统。

(3)未来几年，智能完井技术可以通过连续模拟、测量和控制井下所发生的情况，并把重点放在优化产量上，这需要更好的数据管理，以便了解什么信息最有价值和如何对油藏管理做出更及时的反应。

(4)在控制技术方面，目前主要采用液压技术开启和关闭控制阀和油嘴，只需要一条小直径电缆就可进行操作；光纤技术在井下作业中的应用正在推广；在北海和美国墨西哥湾成功地布置了光纤温度监测系统，在优化采油方面获得了有益的结果；同时，提供液压和电动控制的智能型井下装置的供应商正在研究光纤/电动和光纤/液压监测装置。光纤的出现为基于液压和电动的智能型控制系统的改进提供了进一步发展的机遇。

(5)在永久性监测方面，人们的需求将持续增长。在未来几年内，永久性监测将成为行业规范。井内测量参数的范围将扩大到识别出砂层、表皮因子、流体组分腐蚀、侵蚀和多相流。检波器的成功耦合使人们可以监测微地震波，从而准确追踪流体流动。人们正在研制近井和远井传感器，以便进行井间电磁成像和声波成像，获取更详细的地层层析 X 射线图像。

(6)如何将智能完井技术与多分支系统、可膨胀系统、防砂作业系统结合起来，更好地优化油藏。

2 智能完井井下监测系统关键技术分析

智能完井井下监测系统关键技术主要包括井下信息监测技术，井下数据传输技术，地面数据采集、分析处理与反馈技术等。

2.1 井下信息监测技术

智能完井井下监测系统具有实时监测功能。通过把各种传感器长期放置在井下，可以对井下的各个特性参数进行实时动态监测。井下传感器组是永久安装在井下，间隔分布于整个井筒中的，包括压力、温度、流量等多种传感器组。智能完井井下监测的数据不但包括单井数据，还包括地震、声波等井间数据。

2.1.1 井下压力监测技术

目前，井下压力监测的技术主要是光纤压力监测技术和井下电子压力计测压技术。两种技术各有特点，前者具有很高的准确性、稳定性和可靠性，但是其价格昂贵，令中小油气田无法接受，所以光纤系统一般使用在海上高产油气田。后者虽然价格较为经济，但是井下高温、高压的工作环境使电子元器件的性能和寿命急剧下降，其准确性、稳定性和可靠性大大降低。两种压力测量技术对比如表2.1所示。

表2.1 井下压力传感器类型及性能对比

压力传感器类型	量程与精度	环境温度	稳定性及寿命	特点	应用	趋势
电子式	约100MPa ≥0.1%	≤150℃	年漂移约2%，寿命一般不超过5年，易受电磁干扰	成本低，技术相对成熟	普及	浅井、常温井、低成本井中有优势
光纤	约100MPa ≥0.1%	≤370℃	稳定，理论寿命超过15年	井下无电子元器件，抗干扰能力强，可以进行分布式测量，数据处理复杂，成本高	高产、高投入井	随着技术的发展，市场潜力巨大

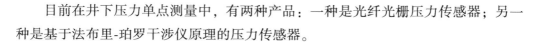

目前在井下压力单点测量中，有两种产品：一种是光纤光栅压力传感器；另一种是基于法布里-珀罗干涉仪原理的压力传感器。

2.1.1.1　光纤压力监测技术

（1）光纤基本知识

光纤（optical fiber）就是光导纤维的简称，它是截面为圆形的介质光波导。1966年，英籍华裔物理学家高锟发表论文《光频介质纤维表面波导》（Dielectric-Fiber Sueface Waveguide for Optical Frequencies）提出用石英玻璃纤维（简称光纤）传送光信号进行通信，由于他在光纤及光纤通信方面的突出贡献而获得 2009 年诺贝尔物理学奖。诺贝尔物理学奖评审委员会称，"光纤彻底改变了人们的日常生活"。周光召院士在《物理学的回顾与展望》中指出，光纤是美国工程院选出的 20 世纪最伟大的工程技术之一。

① 光纤导光原理

光纤是圆柱形介质波导，它包括纤芯和包层两层，光在纤芯中传播，纤芯之外是折射率略低的包层。光纤是利用全内反射实现导光的，如图 2.1 所示，纤芯的折射率略大于包层（$n_1 > n_2$），光在以一定角度从光纤端面入射时，在芯包界面的入射角大于全反射角的光会被全反射，从而被束缚在纤芯中向前传播，在芯包界面入射角小于全反射角的光由于在每次反射时有部分光折射入包层，从而损失部分能量到包层中，导致无法传输。

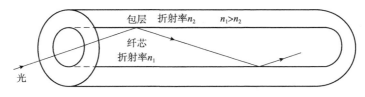

图 2.1　光纤导光示意图

在实际应用中，为保证光纤的机械强度、隔绝外界影响，在拉制光纤过程中同时在表面均匀涂上热固化硅树脂或紫外固化丙烯酸酯，之后再套上尼龙、聚乙烯或聚酯等塑料。

② 光纤传感技术的优势

光纤传感器作为传感器中一支新秀，已被国内外公认为最具有发展前途的高新技术产业之一。20 世纪 70 年代末，在光纤通信迅猛发展的带动下，光纤传感器作为传感器家族中年轻的一员，以其独一无二的优势迅速成长，成为近年来国际上发展最快的高科技应用技术，具备以下优点：

a. 抗电磁干扰，电绝缘，本质安全。由于光纤传感器是利用光波传输信息，而光纤又是电绝缘的传输媒质，因而不怕强电磁干扰，也不影响外界的电磁场，并且安全可靠，这些特性使其在各种大型机电、石油化工、冶金高压、强电磁干扰、易燃、易爆的环境中能方便、有效地传感；

b. 耐腐蚀，由于光纤表面的涂覆层是由高分子材料组成，耐环境或者结构中酸碱等化学成分的能力强，适合于智能结构的长期健康监测；

c. 测量精度高，光纤传感器采用光测量的技术手段，一般为微米量级，采用波长调制技术，分辨率可达到波长尺度的纳米量级，利用光纤和光波干涉技术使不少光纤传感器的灵敏度优于一般的传感器；

d. 结构简单，体积小，重量轻，耗能少，光纤传感器基于光在传感器中的传播机理进行工作，因而与其他传感器相比耗能相对较少；

e. 便于成网，光纤传感器可很方便地与计算机和光纤传输系统相连，有利于与现有光通信网络组成遥测网和光纤传感网；

f. 外形可变，光纤遵循虎克定律，在弹性范围内，光纤受到外力发生弯曲时，芯轴内部受到压缩作用，芯轴外部受到拉伸作用，外力消失后，由于弹性作用，光纤能自动恢复原状，光纤可挠的优点使其可制成外形各异、尺寸不同的各种光纤传感器，这有利于航空、航天以及狭窄空间的应用。

正是由于这些优点，光纤传感技术被广泛应用于如石油、化工、电力、土木工程、交通、医学、航海、航空、地质勘探、通信、自动控制、计量测试等国民经济的各个领域和国防军事领域。

（2）光纤光栅的测量原理

① 光纤光栅

光纤光栅（fiber grating）是沿光纤轴线一段长度范围内，纤芯的折射率呈现某种周期性或非周期性规律分布的一种光纤。这种折射率分布呈现规律性变化的光纤具有控制光传播模式的功能，因而它是一种无源光纤光波传导器件。

光纤 Bragg 光栅的物理结构和光传输特性如图 2.2 所示。光纤 Bragg 光栅的基本工作原理是光波通过光纤 Bragg 光栅时，满足 Bragg 波长条件的光波矢被反射回来，这样入射光就会分为两部分：透射光和反射光。

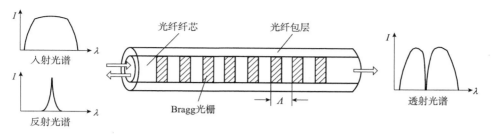

图 2.2 光纤 Bragg 光栅的物理结构和光传输特性

② 光纤光栅的基本方程

根据光纤光栅耦合模理论，均匀非闪耀光纤光栅可将其中传输的一个导模耦合到另一个沿相反方向传输的导模而形成窄带反射波，反射波峰值波长 λ_B 为

$$\lambda_B = 2n_e\Lambda \tag{2.1}$$

式中 n_e——反向耦合模的有效折射率；

Λ——光纤光栅的周期。

有效折射率 n_e 和光栅周期 Λ 称为光栅常数。任何引起光栅常数变化的物理效应都将引起光纤光栅反射波峰值波长偏移。在所有引起光纤光栅反射波峰值波长偏移的物理效应中，应变效应和温度效应是光纤光栅最基本的物理效应。应变效应和温度效应可认为是相互独立的，即若仅考虑应变 ε 的影响，则 λ_B、n_e、Λ 只是应变 ε 的函数。

③ 光纤光栅压力测量原理

当对光纤光栅施加外力后，由于光纤光栅周期的变化以及弹光效应，引起光纤光栅反射波峰值波长偏移 $\Delta\lambda_B$，将式(2.1)取自然对数并对光纤光栅栅区长度 l 求导数，可得

$$
\begin{aligned}
\Delta\lambda_B &= 2\left(\Lambda\,\frac{\partial n_e}{\partial l} + n_e\,\frac{\partial \Lambda}{\partial l}\right)\Delta l \\
&= \lambda_{B0}\left(\frac{1}{n_e}\,\frac{\partial n_e}{\partial l}\Delta l + \frac{1}{A}\,\frac{\partial \Lambda}{\partial l}\Delta l\right)
\end{aligned}
\tag{2.2}
$$

式中 $\Delta\lambda_B$——光纤光栅反射波峰值波长的偏移量，$\Delta\lambda_B = \lambda_B - \lambda_{B0}$；

λ_{B0}——环境温度下的自由波长；

Δl——光纤光栅长度变化；

l——光纤光栅的长度。

通过对相对介电抗渗张量进行泰勒展开并略去高阶项，同时，引入弹光系数

23

P_{ij}，可得有效折射率 n_e

$$\frac{\partial n_e}{\partial l}\Delta l = -\frac{n_e^3}{2}\big[P_{12} - v(P_{11} + P_{12})\big]\varepsilon \tag{2.3}$$

式中　P_{11}、P_{12}——光纤材料的弹光系数；

　　　　v——光纤材料的泊松比。

同时，利用均匀光纤在均匀拉伸下满足条件 $\dfrac{\partial \Lambda}{\Lambda}\dfrac{l}{\partial l} = 1$，得

$$\frac{\partial \Lambda}{\Lambda}\frac{l}{\partial l}\frac{\Delta l}{l} = \varepsilon \tag{2.4}$$

式中　ε——光纤光栅的轴向应变。

综合以上各式，得到光纤光栅反射波峰值波长偏移量 $\Delta\lambda_B$ 与光纤光栅轴向应变 ε 之间的关系为

$$\Delta\lambda_B = \lambda_{B0}(1 - P_e)\varepsilon \tag{2.5}$$

式中　P_e——光纤的有效弹光系数，$P_e = \dfrac{n_e^2}{2}\big[P_{12} - v(P_{11} + P_{12})\big]$，对于熔融石英光纤，$P_{11} = 0.121$，$P_{12} = 0.270$，$v = 0.17$，$n_e = 1.456$，因此，$P_e = 0.22$。

式(2.5)是光纤光栅的应变效应表达式，也是与应变相关的光纤光栅传感的基本关系。

综合光纤光栅的应变效应和温度效应，由上述表达式可得光纤光栅反射波峰值波长偏移量 $\Delta\lambda_B$ 为

$$\Delta\lambda_B = \lambda_{B0}\big[(1 - P_e)\varepsilon + (\alpha + \xi)\Delta T\big] \tag{2.6}$$

以此为物理基础，利用光纤光栅可以同时测量应变和温度，即构成光纤光栅温度压力传感器，即多点多参量测量，如图2.3所示。

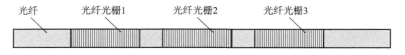

图2.3　多点传感器示意图

(3)法布里–珀罗干涉压力测量原理

图2.4是法布里–珀罗干涉仪的结构示意图，由威治尼亚光子研究中心与雪佛龙公司联合研制，具有自校正功能。

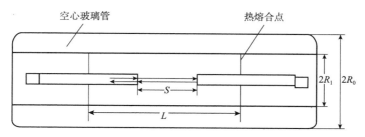

图 2.4 法布里 – 珀罗干涉仪传感结构示意图

图 2.4 中，在一个玻璃毛细管中放入两个光滑的光纤接头，光注入传感器的输入光纤中，沿光纤传播直到尾部，由于反射系数不同，第一个光纤接头返回约 4% 的能量，剩余 96% 的能量透过空气腔，其中 4% 的能量被第二个光纤接头反射回来。第二个反射波透过空气腔进入第一个光纤，与第一次反射光叠加。如果两束光满足干涉条件，则传感器输出的强度取决于两次反射的相位差。当相位相同的时候，则输出加强；反之，则输出降低。因此，输出光强的是路径（2 倍干涉腔长）变化的函数。然而，如果路径长度的变化大于一个波长的时候，输出产生一个周期性的变化。在每个周期的波峰或波谷将会产生错误的解释，因此需要相应的算法，产生一个正比于压力变化的函数表达式。这些技术包括：计算输出的波峰个数，使用多个波长的光波测量。

当腔长变化的时候将引起两束光的相位差的变化，也就是说对光的相位进行了调制，通过对相位解调可以得到腔长变化，如果能建立腔长与外加压力的关系，就可以通过对相位的解调得到压力的信息。

2.1.1.2 井下电子压力计测压技术

电子式压力传感器在井下压力监测中仍占据主导地位，大多数电子式压力传感器都以石英或者硅蓝宝石晶体为核心部件，这是因为晶体结构和特性的稳定性较好，相比于其他应变材料，用石英或硅蓝宝石晶体制作的压力传感器精度可以达到 0.1 级甚至更高，温度漂移量和年漂移量累计小于 5%，基本上能够满足井下测量的精度要求。井下电子压力计测压系统一般包括三部分：地面记录仪、电子传感器和单芯电缆。地面记录仪是一种便携式动力源，提供传感器的动力并且记录井下传感器传输上来的信号。单芯电缆传送动力到井下传感器，并将有关信号传输到地面记录仪。该信号以模拟/数字方式被记录，压力、温度可连续或以一定间隔被记录。由于电子元件长期工作在井下高温、腐蚀的环境中，容易出现故障，因此限制了电子压力计在永久性监测中的应用。

2.1.2 温度监测技术

传统的温度传感器(如热电阻、热电偶等)都可应用于井下温度监测,但传统的温度传感器在井下高温、高压环境中能连续工作,其寿命大为降低,且封装工艺和数据的传输也是传统温度传感器存在的问题。

2001年,威德福公司将拉曼反向散射分布式温度传感(Distributed Temperature Senser, DTS)技术结合到其光学永置式温度监测系统中。至今,DTS技术在油气田生产中得到广泛的应用。

分布式光纤温度传感器的测量基础是温度对光散射系数的影响,通过检测外界温度分布于光纤上的扰动信息来获取温度的信息,实现分布式温度测量,测量的技术基础是光时域后向散射OTDR(Optic Time Domain Reflector)技术。分布式传感器示意如图2.5所示。

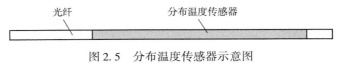

图2.5 分布温度传感器示意图

(1)拉曼散射原理

微观世界中任何分子和原子都在不停地运动,光纤的分子和原子也不例外,存在着分子振动。激光脉冲在光纤里传输的过程中与光纤分子相互作用,发生多种形式的散射,有瑞利散射、布里渊散射和拉曼散射。光纤分布测温原理依据背向拉曼散射的温度效应。

泵浦光通过光纤分子时打破了分子振动原有的平衡,振动分子将与之发生能量交换。当产生光子的能量小于泵浦光子的能量(分子振荡吸收泵浦光子的能量)时,称为斯托克斯散射。当产生光子的能量大于泵浦光子的能量(分子振荡的能量传给光子)时,称为反斯托克斯散射。斯托克斯散射和反斯托克斯散射统称为拉曼散射。散射光谱如图2.6所示。

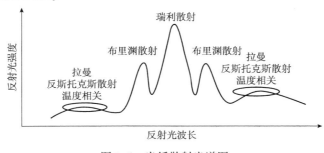

图2.6 光纤散射光谱图

（2）泵浦光对拉曼散射的影响

拉曼散射是由泵浦光子与光纤分子相互作用产生的，当泵浦光的强度小于阈值时，拉曼散射光与泵浦光成正比，这种拉曼散射叫自发拉曼散射。自发拉曼散射光中的反斯托克斯散射光强度受温度调制，而斯托克斯散射光基本上与温度无关，两者比值只与散射区温度有关。

反斯托克斯光强、斯托克斯光强分别为

$$i_{as} = \frac{N_0}{\gamma_{as}^4 \exp\left(e^{\frac{hc\Delta\gamma}{kT}} - 1\right)}, i_s = \frac{N_0}{\gamma_s^4 \exp\left(1 - e^{-\frac{hc\Delta\gamma}{kT}}\right)} \qquad (2.7)$$

式中，N_0 与光纤所处环境温度无关，取决于光纤特性、入射光强等。

取上述二式之比，有

$$R(T) = \left(\frac{\gamma_s}{\gamma_{as}}\right)^4 e^{-\frac{hc\Delta\gamma}{kT}} \qquad (2.8)$$

考虑到光在光纤中传输存在着诸如光源功率不稳、光纤的传输损耗、光纤弯曲造成的传输损耗等非温度因素对反斯托克斯光强的影响，在分布式光纤温度传感器中，取反斯托克斯与斯托克斯光强的比值作温度的传感信号而不单纯地取反斯托克斯光强作温敏信号，式(2.8)是分布式光纤温度传感器最根本的理论依据。

2.1.3 多相流监测技术

随着光纤技术的发展，出现了新型的光纤流量监测技术。井下光纤流量计可以对流动液体进行两种基本测量，即体积流速和混合液体的声波速度测量。根据测量温度和压力下单相流体的密度和声波速度就可以确定两相系统中的某一相流体的流量。

目前，光纤流量计包括光纤光栅涡街流量计、光纤质量流量计、光纤涡街流量计以及光纤涡轮流量计等。其中将光纤光栅与传统涡街流量计结合形成的光纤光栅涡街流量计比较成熟，已有产品。

涡街流量计是一种基于流体振动原理的流量计。目前已成为管道中液体、气体、蒸汽的计量和工业过程控制中不可缺少的流量测量仪表。其特点是压力损失小，量程范围大，精度高，重复性好，在测量工况体积流量时几乎不受流体密度、压力、温度、黏度等参数的影响。无可动机械零件，因此可靠性高，维护量小。

流体在管道中经过漩涡发生体后，产生漩涡，如图2.7所示。这些漩涡在沿着管子向前行进时，就会产生以声速向前传播的声波。

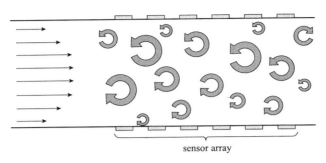

图 2.7   流量测量示意图

流体的速度是通过记录湍流压力获得的。光纤流量计采用相关分析法确定混合流体的体积流速。相关分析法基于对流体随时间变化沿轴向移动特性进行测量。在理想状态下，下游传感器测得的信号与上游传感器所测信号有一个时差，通过确定沿轴向变化的信号间的时差，可以得出流体的体积流速，进而可以推导出体积流量。与对流压力扰动测量进行相关对比的结果表明，这套装置同样可以用于单相流体及充分混合的多相流体。

2.1.4   声波速度的测量

为测量混合流体的声速，井下多相流量计采用不稳定压力测量方式，通过一组光纤光栅"监听"采油时油管中产生噪声的传播。这些噪声可能来自采油有关的各个方面，包括：通过射孔孔道和井下节流阀时流体的流动、气泡的分离、电潜泵和气举阀的动作，因此不需要人工噪声源。不稳定压力的测量是由仪器上多处分布的、具有足够间距与时间分辨率的测点提供的，由此确定产出液的声速。图 2.8 是获得流速和声速数据处理过程。

2.1.5   地震监测技术

Weatherford 公司的 Clarion™ 地震系统是一种多通道光学传感系统，能可靠地、永久性地用于井间地震监测，并能与 Clarion™ 光学地震加速度检波器相兼容，将先进的光学多道传输与高性能地震记录结合在一起，可与绝大多数地震采集系统相对接。地震阵列数量最多可达到 16 站，最大阵列长度为 1000m；Clarion™ 光学地震加速度检波器的带宽范围在 1 ~800Hz，采用 1C 或 3C 传感器结构，灵敏度一般情况下为 1%，最大工作温度 175℃，最大工作压力 100MPa。

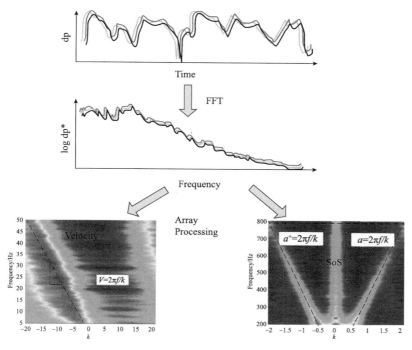

图 2.8　流速和声速数据处理过程

2.2　井下数据传输技术

井下数据传输技术是连接井下监测系统与地面计算机的纽带。这种传输技术能将井下监测数据和地面控制信号，通过永久安装的井下电缆中专用的双绞线或单芯电缆，在井下与地面间建立数据双向传输，即使在有井下电潜泵的情况下，也不会对所传输的数据信号产生影响。

井下各种传感器监测的数据通过数据传输系统传送到地面的控制设备中，数据传输技术的设计需要注意以下几点：

(1)可靠性，数据传输过程中需要做到抗干扰、降低信号衰减速度等；

(2)实时性，数据传输的过程中需要确定一定的传输带宽、波特率等参数，确保信号上传下达传输的快速性；

(3)满足远距离通信的要求，井下传感器采集的数据传到地面需要 5～10km 的传输距离，数据在这个距离内必须做到有效传输；

(4)低成本和安装维护方便性。

目前，智能完井井下信息监测数据通信方式主要以电缆传输和光纤传输为主，某些公司正在研发井下无线传输方式。井下数据传输系统通常由专用双绞线、电缆、光纤、电缆/管线保护装置等组成。

井下数据传输技术关系到整个智能完井技术的可靠性和稳定性，为了使系统中的液压管线、光缆、电缆等在下入和使用过程中不被损坏，提高系统的安全性和可靠性，将这些线缆封装在一起是现今智能完井技术采用的方法。因为油气井下的环境复杂，对于传输和连通系统的材质选择和保护装置的研究非常重要。另外，减少优化液压管线/传输线的数量也是这一部分非常关键的内容。

2.2.1　地面—井下的数据传输

将动力传输、指令和控制、数据传递等汇合在一根 1/4in 控制电缆中。主要设备有：电缆及接头、井口接口单元等。

2.2.2　井下—地面的数据传输

井下信息监测有电子传感监测方式和光纤传感监测方式两种，因此数据传输也分为两种方式。

2.2.2.1　电子传感传输

井下参数的传输采用通信总线传输，其基本原理是：由永久性井下传感器节点的微处理器将所监测的压力、温度信号或文丘里管流量监测的差压信号和压力信号转换为数字形式，然后通过通信总线传输到井口的接口模块，由接口模块进行通信协议转换后，以 RS485、RS232 或 CAN 总线方式传输至地面的数据采集计算机。该接口模块也可以是操作计算机的内置模块。

CAN(Controller Area Network，控制器局域网)是一种支持分布式控制或实时控制的串行通信网络，采用总线型串行数据通信协议，通信介质可以是双绞线、同轴电缆等，通信速率可达 1Mbps。CAN 的直接通信距离最远可达 10km(速率在 5kbps 以下)；CAN 的通信速率与其通信距离呈线性关系。CAN 上的节点数主要取决于物理总线的驱动电路，节点数可达 110 个。因此，其传输距离与传输速率能够满足智能完井技术的数据采集与井下状况监测的要求。

2.2.2.2　光纤传感传输

井下参数监测采用光纤压力、温度传感器，数据传输(信号传输)采用光纤光缆传输。这种分布式光纤传感器是将呈一定空间分布的、具有相同调制类型的光纤传感器耦合到一根或多根光纤总线上，通过寻址、解调，检测出被测变量的大小与空间分布，其中光纤总线只起传输光的作用。根据寻址方式的不同，可以分为时分复用、波分复用、偏分复用、空分复用等几类，其中时分复用、波分复用、偏分复用、空分复用技术较成熟，多种不同类型的复用系统还可组成混合复用网络。

时分复用通过耦合与同一光纤总线上的传感器间的光程差来寻址，即光纤对光波的延迟效应。

波分复用通过光纤总线上各传感器调制信号的特征波长来寻址。

频分复用是将多个光源调制在不同频率上，经过各个独立的传感器后汇集在一根或多根光纤总线上，每个传感器的信息包含在总线信号中的对应频率分量上。

空分复用是将各传感器接收光纤的终端按空间位置编码，通过扫描结构控制选通开关选址。

总的来看，由于井下监测技术的发展，多传感器、多参数监测将成为未来的主要发展方向。在现有的无线传输、电缆传输和光纤传输技术中，为了高质量、高速度、大容量地将监测的数据实时传递到地面系统，多站式井下光纤通信技术将是一种最佳的选择。

2.3 地面数据采集、处理和管理技术

地面数据采集、处理和管理技术主要完成井下传感器采集并上传的信息，对没有经过处理的原始数据(通常这些数据在处理前是无法被识别或被正常使用的)进行解码、滤波、校正等处理，使其成为有效数据，并运用数据仓库和数据挖掘技术将地面采集的海量数据进行加工、集成、存储、管理和挖潜，为智能完井的生产优化、油气藏的智能管理等提供决策支持。

2.3.1 数字信号采集与处理技术

分布式井下传感器的多路信号通过传输媒介传到地面以后，需要同地面的信号采集和处理系统相连。信号采集与处理系统一般分为数据获取单元(硬件部分)和数据分析处理软件两个部分。

数据获取单元通常是由解码器、小型 CPU、电源、存储器、输入/输出接口等组成的，利用光电转换、滤波、拟合、估计、解码、校正、存储、多传感器数据融合等技术，将来源于井下传感器的信号转换为数字信息，并通过接口和通信协议将

数据提交给远程服务器。

由于井下传感器测得的信号在上传过程中会受到外界不良因素的干扰，导致信号中混杂有噪声、异常点等，因此在信号转换过程中需要利用数据分析处理软件对信号进行清洁、消除异常点、数据降噪、数据简化、不稳定过程识别与预警、特征过滤等数据分析与处理。数字信号处理方法有数字滤波、经典普估计、相关性分析等，常用算法主要有小波分析、傅里叶变换、HILBERT 空间正交分解、线性卷积、相关函数等。

在数据的特征分析方面，在 Cook 和 Beale 的研究方法中，首先将数据切割成多个窗口，然后以顺序方式独立分析数据。这种方法称为滑动数据窗口法。然而，滑动数据窗口法并不局限于数据窗口的独立分析，该方法进行修正后还可考虑以前窗口中的事件，这些事件将影响到后续窗口的分析结果。这对于分析长期监测的压力数据是非常有用的。

在数据降噪方面，Osman 和 Stewart 利用 Butterworth 数字滤波方法来移除数据中的噪声。在数据中没有奇异性存在，并且数据是在固定采样速度下以高频率采集的前提下，他们用小波分析方法来对压力数据进行降噪处理并确定压力数据中的瞬变过程。根据压力信息采集系统的设置和压力数据的特征，压力数据可在低频和高频下以变采样速度的方式进行数据采集。并且，在某些系统中，压力计预先设置成在固定时间间隔记录压力数据，或者设置成只有当压力变化超过预定阀值时才采集数据。因此，如何处理非均匀的采样数据以及如何确定奇异性是非常关键并有待进一步研究的问题。

在数据简化方面，当井下压力数据是以高频率记录的情况时，减小数据规模则成为数据处理亟待解决的又一个问题。Bernasconi 等以小波变换为基础，研究基于小波的压缩算法来压缩钻井过程中的井下数据。该算法非常简单且非常有效，无需进行大幅度改动就能移植到现有井下设备的处理软件中。数据采集后，在个人计算机上就能完成数据压缩，并且用户可以决定重建信号的质量。对实际数据的大量模拟研究表明，对于大多数信号来讲，在不损失重要数据的情况下，压缩率可以达到 $1:15$。

张冰等运用小波分析理论对含噪的压力、温度数据进行降噪，并利用正交实验法对小波阈值降噪条件组合进行优选；使用压力导数法划分压力变化的各个不同阶段，实现不稳定状态的识别，得到真实压力与温度数据的最优近似估计。并以此为基础，根据压力与温度变化的不同阶段用阈值和时间阈值对数据进行精简，为后续的优化控制和生产决策提供可靠的数据依据。

多传感器数据融合技术是近 20 年来发展起来的一门前沿数据处理技术，起源于美国国防部在军事领域的研究与应用，现在已经广泛运用于工业过程控制、自动目标识别、交通管制、遥感监测、图像处理、模式识别等领域，但在油气开采领域尤其是油藏监测重点应用非常少。多传感器数据融合（也称为信息融合）是指对来自单个或多个传感器（或信源）的信息或数据进行自动检测、关联、相关、估计和组合等多层次、多方面的处理，以获取对目标参数、特征、事件、行为等更加精确的描述和身份估计。与单传感器系统相比，多传感器数据融合技术能够充分利用不同时间和空间上的多个传感器数据资源，并依据某种准则将空间和时间上的冗余或互补信息组合起来，从而获得对被测对象的一致性解释与描述，进而实现相应的决策和估计。

多传感器数据融合的常用方法可以概括为随机和人工智能两大类。随机类方法有加权平均法、卡尔曼滤波法、多贝叶斯估计法、D-S 证据推理法等；人工智能方法包括模糊逻辑理论、神经网络、粗糙集理论、专家系统等。

通过永久性井下传感器得到大量的、连续的压力、温度、流量、油藏物性等参数以及这些参数的分布位置，而这些参数之间也具有较大的相关性，因此，通过多传感器数据融合技术，可以对采集到的数据进行多方位分析、关联、校正、估计，同时准确判断出传感器的工作状态，大大提高采集数据的质量、监测系统的精度和可靠性。

有效的数据处理可以提高数据分辨率，增大传感器系统适用性，可以对原始数据进行纠偏和校正，因此数据处理在测量系统中的作用越来越重要。

2.3.2 地面数据管理与数据挖掘技术

数据在油气生产决策中至关重要，它所提供的有效信息能够减少油气勘探和开发过程中的风险。因此，如何管理并有效利用从井下采集的海量数据，已成为油井实时管理与优化的一个新的挑战。

数据仓库和数据挖掘技术能够为地面海量数据的加工与管理、智能完井生产优化等提供可靠的数据依据和决策支持。

数据仓库（Data Warehouse）是一个面向主题的、集成的、相对稳定的、反映历史变化的数据集合，用于支持管理决策。来自不同数据源或数据库的海量数据经加工后在数据仓库中存储、提取和维护。数据仓库主要面向复杂数据分析和高层决策支持。它能提供来自不同应用系统的集成化和历史化数据，为相关部门和企业进行全局范围的战略决策和长期趋势分析提供有效的数据支持。

　　基于数据仓库的决策支持系统由三个部分组成：数据仓库技术、联机分析处理技术和数据挖掘技术，其中数据仓库技术是系统的核心。数据挖掘（Data Mining），也称为数据库中的知识发现（Knowledge Discovery in Database，KDD）是通过分析每个数据，从大量数据中寻找其规律的技术，主要有数据准备、规律寻找和规律表示三个步骤。数据准备是从相关的数据源中选取所需的数据并整合成用于数据挖掘的数据集；规律寻找是用某种方法将数据集所含的规律找出来；规律表示是尽可能以用户可理解的方式（如可视化）将找出的规律表示出来。数据挖掘的任务有关联分析、聚类分析、分类分析、异常分析、特异群组分析和演变分析等。数据挖掘的分析方法有分类、估计、预测、相关性分组或关联规则、聚类、描述和可视化、复杂数据类型挖掘等。

3 国内外典型智能完井井下监测系统设计

3.1 国外典型智能完井井下监测系统设计

3.1.1 Halliburton 公司的 SmartWell 井下监测系统设计

SmartWell 智能完井是 Halliburton 和壳牌的合资公司 WellDynamics 的典型智能完井技术。据报道，WellDynamics 于 1998 年首次成功安装了直接水力智能完井和微型水力智能完井。

WellDynamics 的智能完井永久井下信息监测系统设计包括 ROC™ PDG（PermanentDownhole Gauges）、FloStream 流量计（Venturi Flowmeter System）和 EZ 压力计（EZ-Gauge® Pressure Monitoring System）三部分。WellDynamics 的智能完井地面数据采集与监控系统设计包括主监控界面（SmartWell® Master™ Supervisory Application）、流量计算分析软件（SoftFlow™ Virtual Flowmeter Surface）、ICV 位置控制系统（Positioning System）、供电系统（Remote Power System）、数据采集系统（XPIO 2000™ Data Acquisition and Control Unit）和接口卡（Subsea Interface Cards）。永久井下信息监测系统与地面数据采集与监控系统构成智能完井井下监测系统的基本单元。

3.1.1.1 永久井下信息监测系统设计

（1）ROC™ PDG

WellDynamics 的 ROC™ 永久井下信息监测系统设计包含压力和温度信息监测。压力监测采用高温石英压力传感器作为敏感元件（Quartz transduce），分为 ROC150、ROC175、ROC200 三个型号，型号的数字代表其最高工作温度，三种 ROC™ PDG 的使用范围如图 3.1 所示，技术性能参数如表 3.1 所示。

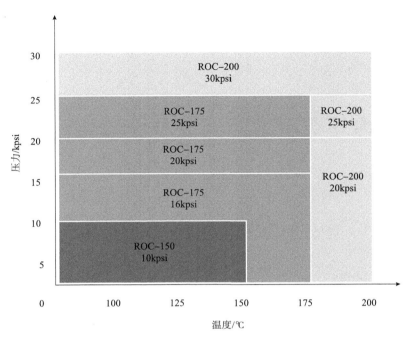

图 3.1   ROC™ PDG 的使用范围

表 3.1   ROC™ PDG 压力测量参数表

ROC™ Gauge Family-Pressure Performance				
Pressure Range/（psi/bar）	0 to 10000/ 0 to 690	0 to 16000/ 0 to 1100	0 to 20000/ 0 to 1380	0 to 25000/ 0 to 1725
Accuracy/（%FS）	0.015	0.02	0.02	0.02
Typical Accuracy/（%FS）	0.012	0.015	0.015	0.015
Achievable Resolution/（psi/s）	<0.006	<0.008	<0.008	<0.010
Repeatability/（%FS）	<0.01	<0.01	<0.01	<0.01
Response Time to FS Step/（for 99.5% FS）	<1s	<1s	<1s	<1s
Acceleration Sensitivity/（psi/g-any axis）	<0.02	<0.02	<0.02	<0.02
Drit at 14 psi and 25℃/（%FS/a）	Negligible	Negligible	Negligible	Negligible
Dnift at Max. Pressure and Temperature/（%FS/a）	0.02	0.02	0.02	0.02

ROC™ PDG 的温度测量精度为 0.5℃（满量程的 0.15%），重复误差 <0.01℃，温度漂移误差（在 177℃ 时）<0.1℃/a。

ROC™ PDG 可以单组压力、温度（PT）测量，也可以多组测量，其组合形式如图 3.2 所示，ROC 的外观与总装如图 3.3、图 3.4 所示。

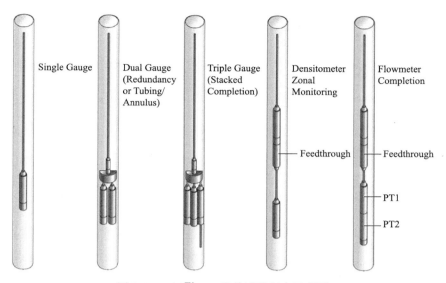

图 3.2　ROC™PDG 的传感器组合示意图

图 3.3　ROC™PDG 外观图

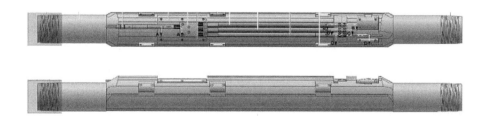

图 3.4　三支 ROC™PDG 组合时的总装图

（2）FloStream 流量计

WellDynamics 的 FloStream 流量计基于文丘里管流量测量原理来测量流量。流量计由文丘里管、两支压力传感器、信号处理电子电路等所组成。

（3）EZ 压力计

WellDynamics 的 EZ-Gauge 压力监测系统是将一根管线一直通到被测量的目的

图 3.5　EZ-Gauge 压力监测
系统示意图

地层，管的末端有一个压力敏感室（pressure chamber），管内充填惰性气体，然后在地面，通过压力变送器测量压力的变化情况。其原理相对于将一根引压线一直通到目的层，然后测量。其测量原理如图 3.5 所示。该方法简单，也相对可靠，关键是要解决管内介质附加压力的消除与校准问题。

3.1.1.2　地面数据采集与监控系统设计

WellDynamics 的地面数据采集与监控系统称为 Digital Infrastructure，包括主监控界面、流量计算分析软件、供电系统、数据采集系统、接口卡等。

（1）主监控界面

主监控界面是智能完井技术的人-机-系统的接口，包括硬件系统和运行软件两个方面。

硬件系统采用 SCADA 体系结构，基于 GENESIS32 OPC-To-The-Core Technology™网络系统，连接各种设备，包括外部的计算机或计算机系统。

软件方面基于 Microsoft® Windows®操作系统运行，主要功能模块包括液压源监控、井下控制、PDG 数据显示、报警与趋势、系统组态等。

地面液压系统监控与井下地层参数显示与 ICV 控制操作示例如图 3.6 与图 3.7 所示。

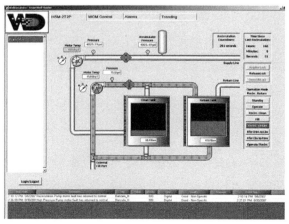

图 3.6　主监控界面——液压系统监控画面

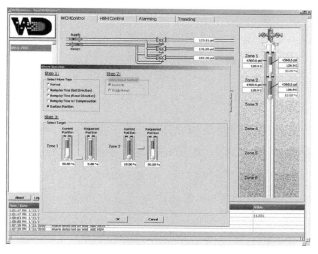

图 3.7 主监控界面——井下地层监控画面

主监控界面通过实时数据库和历史数据库，建立与流量分析、数据采集等其他软件的内在联系。

（2）流量计算分析软件

流量计算分析软件是一个生产井和生产地层流量计算软件，它以现场动态数据管理系统（Dynamic Field Data Management System，FDMS）为基础，综合考虑工程项目信息、井的信息（井类型、井身结构、井深等）、地层信息（ICV 参数、节点参数等）等数据，根据实时得到的井下流量计实测数据，进行数据分析和估计，得出更为准确的流量估计和流量统计结果。流量计算管理系统结构如图 3.8 所示。

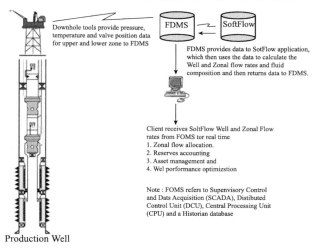

图 3.8 流量计算管理系统结构图

（3）供电系统

供电系统给井下电子设备、地面的计算机系统、地面的数据采集系统等设备供电。

供电系统包括稳压电源、UPS、后备电池、配电盘等，组装成一个配电柜。

（4）数据采集系统

数据采集系统是模拟信号设备和计算机设备之间的一个接口设备。

XPIO 2000 提供 5 个 4～20mA 模拟信号输入通道（12-bit），4 个 4～20mA 模拟信号输出通道（16-bit），4MB 闪存，具有 RS-485、RS-232、10-BASE-T 等通信接口，可采用 Modbus® RTU、TCP/IP 等协议与计算机通信。

XPIO 2000 还提供可选模块 XPIO-DT、XPIO-QT、UACU 等，以满足连接更多的模拟仪表的需要。如 UACU +，可连接 20 口井、40 支仪表。XPIO 2000 的外观如图 3.9 所示。

图 3.9　XPIO 2000 数据采集系统外观

（5）接口卡

WellDynamics 采用了多种接口卡以实现不同节点、不同设备之间的连接和通信，主要的接口卡包括：标准智能完井接口卡（IWIS，Intelligent Well Interface Standard Card）、双表接口卡（Vetco Gray Dual Gauge Interface Card）、连接单信号通道的 Vetco Gray-type SEM2000 控制模块、FMC Dual Gauge Interface Card、Dril-Quip

Dual Gauge Interface Card、Aker Solutions Dual Interface Card、Cameron Dual Gauge Interface Card、SCRAMS® Card 等。

3.1.2　Schlumberger 公司 RMC 井下监测系统设计

Schlumberger 公司的油藏监测与控制（RMC）系统设计是将井下信息监测、层段流动控制和油藏管理相结合，通过先进油藏等软件与井场连接，操作人员可以根据井况实时进行生产决策。工作流程如图 3.10 所示。

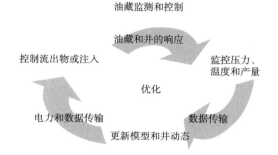

图 3.10　Schlumberger 智能完井工作流程图

3.1.2.1　井下监测系统设计

Schlumberger 公司的井下检测仪表与地面监控系统称为 WellWatcher Permanent Monitoring System，包括如下主要部分：

（1）井下流量监测系统（WellWatcher Flux System）；包括硅传感器流量计测量（Well Watcher Quartz Gauges）和蓝宝石传感器流量计（Well Watcher Sapphire Gauges）两种，用于井下流量监测；

（2）多相流量计（Phase Watcher Multiphase Flowmeter，MPFM）；

（3）地面监控系统（WellWatcher Monitoring System）：包括分布式光纤温度传感器（WellWatcher DTS Fiber Optics）、永久式井下传感器监测（Well Watcher Downhole Permanent Gauges）、井下总线网络系统（WellNet Downhole Network System）、数据采集与通信系统（Data Acquisition and Communication System）。

（1）井下流量监测系统设计

井下流量检测基于文丘里管节流原理，通过压力传感器（差压传感器）测量得出流体流速，加上密度计和温度测量，采用补偿计算方法，得到较为准确的两相流（油、水）总流量（假设油的组分不变），以及油中含水量。

硅传感器流量计适合于油井早期使用，尤其是产水情况。蓝宝石传感器流量计适合于电潜泵的流量监测。

井下流量监测系统［如图 3.11（a）所示］采用阵列式分布测量，信号传输采用无线电磁耦合传导方式，传输原理如图 3.11（b）所示，用于地层流体监测。

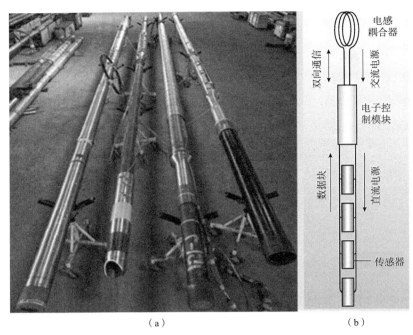

（a）　　　　　　　　　　　　　　（b）

图 3.11　井下流量监测系统与无线电磁耦合传导原理

（2）多相流量计

多相流量计是一套地面的复杂流量测量装置。

MPFM 多相流量计的测量原理是：基于文丘里管节流原理，通过压力传感器（差压传感器和压力传感器）测量得出流体的流速，利用射线仪表测量得流体的组分，通过流量计算机的补偿计算，得出较为准确的多相流流量。其组成原理如图 3.12 所示。

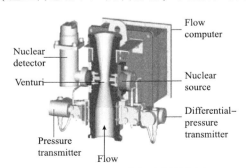

图 3.12　MPFM 多相流量计原理

（3）分布式光纤温度传感器

分布式光纤温度传感器采用布拉格分布式光纤传感器测量分布温度。

将 DTS 光纤系统嵌入砾石充填层，利用生产层的向井流动焦耳-汤姆森温度原理，监测地层的渗流情况，测量系统布局如图 3.13 所示。

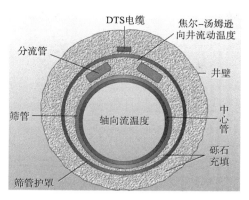

图 3.13　分布式光纤温度传感器系统测量地层温度分布

（4）永久式井下传感器

永久式井下传感器测量地层压力、温度。所采用的压力传感器有硅（WellWatcher Quartz gauges）和蓝宝石（WellWatcher Sapphire gauges）两种。

全石英晶体结构，具有良好的弹性、长期稳定性和精确性，无模拟电路漂移，最高压力量程可达到 140MPa，最高工作温度达到 175℃，最高精度达到 0.01% FS，最高分辨率达到 100pa，广泛应用于永久性井下监测设备中。

蓝宝石系由单晶绝缘体元素组成，不会发生滞后、疲劳和蠕变现象；蓝宝石有着非常好的弹性和绝缘特性（1000℃以内），对温度变化不敏感，即使在高温条件下，也有着很好的工作特性；蓝宝石的抗辐射特性极强；另外，硅-蓝宝石半导体敏感元件，无漂移。因此，蓝宝石压力传感器可应用于井下环境中。

（5）井下总线网络系统设计

井下总线网络系统的功能包括了井下通信网络功能，集成压力、温度、流量测量功能，动力电源传输功能，以实现对井下设备的监测和控制。

井下的信号传输与电力传输是通过复合传输缆来实现的，将光纤、导线封装在一个保护套中，可以简化线缆的密封，减小尺寸，但接口会较为复杂。复合传输缆的结构如图 3.14（c）所示。

井下复合传输缆和井下液压水力控制管线的连接，它们通过封隔器的过孔问题，在高温高压微小空间的限制下，都是比较困难的，斯伦贝谢的控制线连接，连通如图 3.14（b）所示。

井下的通信与测量，斯伦贝谢将它们合成在一起，称之为 WellWatcher WellNet Station，可以测量压力、温度、流量，也具有通信和电力传输功能，其外观如图 3.14（a）所示。

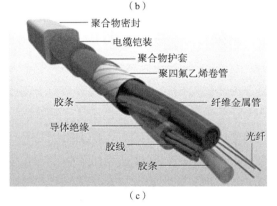

（a） （c）

图 3.14　WellWatcher WellNet Station 与传输线及其连接

（6）数据采集与通信系统设计

数据采集与通信系统位于地面，采用 SCADA 系统结构，包括与其他计算机（系统）的通信、井下设备的通信、井下信息采集、人机操作界面等功能。

RTAC（Real-Time Acquisition and Control System）是它的人机操作界面，基于实时数据库技术，实现人机友好的显示与操作。

采用了几种接口卡来实现地面计算机与井下不同测量设备之间的通信，其中：IWIC（WellNet Interface Card）用于地面控制计算机与井下通信节点（WellWatcher WellNet Station）的通信；IFIC（IWIS FSK Interface Card）采用 FSK 通信技术用于与井下传感器的通信；ESLIC（Subsea Interface Card）用于海洋环境下与井下传感器的通信。IWIC 卡、IFIC 卡、ESLIC 卡的外观如图 3.15 所示。它们能够通过远程技术与地面其他计算机实现相互通信，从而完成井下信息的采集和信息通信。

IWIC Card　　　　　　　IFIC Card　　　　　　ESLIC Card

图 3.15　数据采集与通信用接口卡

3.1.2.2　Decide! 实时智能生产优化软件

Decide! 是 E&P 行业内第一套实时油田管理平台，集合了数据挖掘技术和油藏工程技术。该平台以确定性模拟方法、统计模拟方法和计算智能模拟方法为基础，使用了人工神经网络、遗传算法、寻优编程和知识库系统等技术，具有模式识别、时间序列预测和优化等功能。通过对实时采集数据的学习、挖掘，发现数据后面之间的复杂关系，为油田、油井的智能化提供一种强有力的信息管理手段。Decide! 数据中枢综合了数据仓库和 SCADA 技术解决方案，通过 Decide! 桌面将实时监测数据自动传送给工程师。此外，Decide! 实时事件监测（D! RTEM）功能提醒用户可能出现的情况，使用户能更主动地进行生产管理。

3.1.3　Baker Hughes 公司 InCharge 全电子井下监测系统设计

Baker Hughes 公司的 InCharge 全电子智能完井技术，如图 3.16 所示。

InCharge 全电子智能完井技术是第一套高级智能完井系统，它实现了完全电气化，是首次完全依靠电力驱动、井下监测和数据传输的智能系统。

InCharge 是利用电力控制的 IPR（Intelligent Production Regulator）滑套、封隔器来实现远程控制的智能完井系统。系统中每一个 IPR 滑套都集成了一个电动驱动的可调节流阀和多个高精度的石英压力、温度传感器组成井下监测系统，无级可调节流阀可以精确控制流量或注入压力，并且节流阀装有位置传感器，可精确显示节流阀的

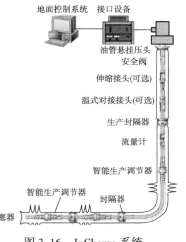

图 3.16　InCharge 系统

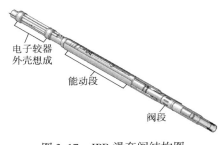

电子较器
外壳想成

能动段

阀段

图 3.17 IPR 滑套阀结构图

位置，在断电后无需重新设定节流阀位置。InCharge 系统的所有电力、传输、控制线都封装在一根 1/4in 电缆中，增加了系统的可靠性，减少下入时间和相关费用。IPR 可以实时监测油管中与环空中流体的压力、温度和流量，且其无极可调节流器可以有选择地控制单层的流量，如图 3.17 所示。

3.1.4　Weatherford 公司的智能完井光纤井下监测系统设计

迄今为止，威德福公司在全世界范围，大约有 1250 口井中成功安装了 2600 只光纤传感器。威德福公司光纤智能完井技术中光纤井下监测技术是世界上最为全面、最为成熟的井下监控技术。

3.1.4.1　光纤井下监测系统设计

（1）单点光纤温度压力传感器

单点光纤传感器是对某一个位置点进行测量，示意如图 3.18 所示。威德福公司的单点传感器是利用光纤光栅原理制作的，其技术参数如表 3.2 所示，外形如图 3.19 所示。

光纤　　　　　　　　　光纤光栅

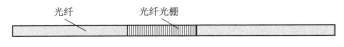

图 3.18　单点光纤传感器示意图

表 3.2　单点光纤温度压力传感器技术指标

额定压力范围/（psi/MPa）	大气压～10000（69MPa）	大气压～20000（137.9MPa）
过载压力/MPa	在 150℃时 172.4MPa	
坍塌压力/MPa	172.4	
破裂压力/MPa	在室温下，241.3	
额定温度范围/℃	25～150	
最高温度/℃	175	
最低储存温度/℃	−50	
压力精度/（psi/MPa）	±2（0.01）	
压力长期稳定性/（psi/MPa）	<0.5（0.003）/a	
压力分辨率/（psi/MPa）	≤0.03（0.0002）	
温度精度/℃	±0.1	
长期温度稳定性/℃	0.1/a	
温度分辨率/℃	0.02	
冲击	500g	

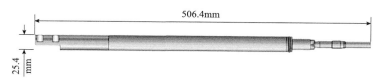

图 3.19　单点光纤光栅温度、压力传感器外形图

　　传感器通过安装装置安装在完井管柱上，并为光纤压力传感器提供保护，以便保证可靠的操作，其技术参数如表 3.3 所示，外形如图 3.20 所示，其与传感器安装示意如图 3.21 所示。

表 3.3　传感器托筒技术指标

尺寸/in	$2\frac{7}{8}$	$3\frac{1}{2}$	$4\frac{1}{2}$	$5\frac{1}{2}$	7
最大外径/mm	109.40	122.22	153.16	180.97	215.77
最小外径/mm	62.00	76.00	100.53	124.26	157.07
破裂压力/（psi/MPa）	10570/72.9	10160/70.1	8430/58.1	7740/53.4	8160/56.3
坍塌压力/（psi/MPa）	11170/77	10540/72.7	7500/51.7	6290/434	7030/48.5
最小套管尺寸/in	$5\frac{1}{2}$	$6\frac{5}{8}$	7	$8\frac{5}{8}$	$9\frac{5}{8}$
托筒长度/mm	1447.80				
材料	N80；13% Cr				

图 3.20　光纤光栅温度、压力传感器托筒外形图

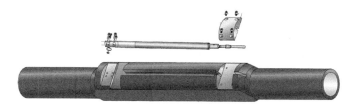

图 3.21　传感器安装示意图

（2）光纤分布温度传感器

　　分布温度传感器是将光纤沿完井管柱布置，进行温度的分布测量。随着温度在井中的变化，它会影响激光脉冲光源沿光纤束反向散射的方式，并因此而指示出井的温度和深度，这种提供连续剖面数据的能力在监测井下生产状况方面是独特的。

　　Weatherford 公司的井下光纤传感器能够连续监测井眼温度的最小距离达到了

0.5m，基本实现了全井的温度监测。光纤技术与传统的电子传感器相比，具有更好的耐温、耐腐蚀特点，不受电磁信号的影响，具有更高的可靠性。Weatherford 公司利用光纤传感器技术代替了常规的电子传感器，与纯液压、电动液压控制系统相结合，能够完成全井立体实时监测，方便快捷地调整井下多个储层的开采。

测量结果传回解调装置，解调装置如图 3.22 与图 3.23 所示。技术参数如表3.4 所示。

图 3.22　分布温度测量装置 WFT-6R

图 3.23　分布温度测量装置 WFT-E10

表 3.4　光纤分布温度传感系统技术参数

项目	WFT-E10	WFT-6R
规定距离/km	10	6
最大操作距离/km	15	10
采样分辨率/m	1	0.5~1.0
空间分辨率/m	<2	
温度分辨率/℃	<0.1	

项目	WFT-E10	WFT-6R
温度精度/℃	0.5	
测量间隔时间	10s ~ 24h	
短期稳定性/℃	30h 内 < 0.2	45h 内 < 0.1
精度/℃	全部工作条件下 < 3	
电源电压	100 ~ 120，200 ~ 240VDC	24VDC，100 ~ 120，200 ~ 240VAC
电源频率	50 或 60Hz	
视在功率/（V·A）	最大 60	
DTS 模块高度	6U	3U
DTS 模块重量/kg	17	2.2
绘图仪重量/kg	9.5	
绘图仪尺寸/mm	$312(W) \times 124(H) \times 305(D)$	
操作温度/℃	0 ~ 40	
存放温度/℃	− 10 ~ 60	
相对湿度	最大 85%，无冷凝	
操作振动	5 ~ 500Hz，0.1g，90min/axis	
运输振动	5 ~ 50Hz，0.5g；50 ~ 500Hz，3.0g	
操作冲击	30g，11ms	30g，30ms

（3）光纤流量计

目前，光纤流量计包括光纤光栅涡街流量计、光纤质量流量计、光纤涡街流量计以及光纤涡轮流量计等。其中将光纤光栅与传统涡街流量计结合形成的光纤光栅涡街流量计比较成熟，Weatherford 公司的产品就是利用该原理制成的。其多相流量计的性能参数如表3.5所示。

表3.5　井下多相流量计性能参数

体积流量精度	±1%
流量精度，油-水	±5%（0 ~ 100% WLR）
流量精度，液-气	±5%（< 30% GVF 或 > 90% GVF）
	±5%（30% GVF ~ 90% GVF）
衰减比率（最大流量/最小流量）	> 20
最小流速	Liquid：0.9m/s
	Gas：3m/s

额定压力	10000psi（69MPa）
操作温度/℃	标准：25～125
	高温：25～150
存储温度/℃	标准：−50～125
	高温：−50～150
振动	15Grms，随机
	10～2000Hz
冲击	100g，半正弦10ms
材料	INCONEL718
	Super Duplex 25 Chrome
光纤连接器	3针干耦合连接器

（4）智能筛管系统

智能筛管系统包括两大高效的、成功的技术——井筒筛管和光纤传感。这两项技术保证了安全、方便、永久监测砂控完井。该系统可以进行全井眼的分布温度测量，可以有效地监测完井、连续生产以及井眼诊断等。除此之外，该系统还提供了安装其他光学传感器的能力，比如安装温度、压力传感器，流量计，地震检波器等，在一个地层或多个地层间，仅用一根光缆。智能筛管如图3.24所示。

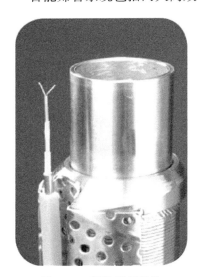

图 3.24　智能筛管结构

3.1.4.2　地面监测系统设计

地面监测系统的主要任务是实现井下光信号的解调，以便完成测量并存储井下数据；对数据进行分析，判断井下发生的各种情况，绘制各种与生产有关的图表，最终把这些数据和分析结果传送给油井优化开采系统。地面监测系统包括硬件设备和软件系统，整体系统设计如图3.25所示。

地面硬件设备主要指用于传感器的地面设备，例如光纤传感器的光源、光电探测器、光调制机构和信号处理器等。软件包括测量软件、存储软件、分析软件等。地面设备的类型和配置很大程度取决于传感器的类型，其次受环境和所需的数据处理界面的影响。不同系统设计的功能如表 3.6 所示。

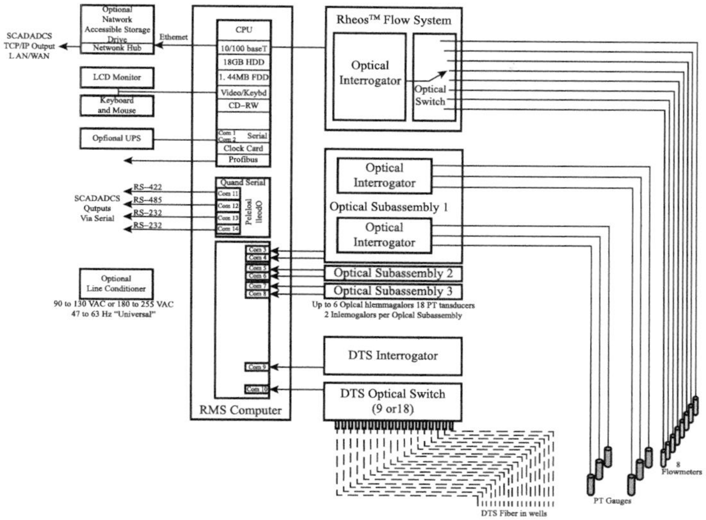

图 3.25　地面系统图

表 3.6　不同地面监测系统适用情况

	地面系统	RMS-WH	RMS Lite	RMS Lite with DTS	RMS	RMS with DTS	RMS with flow and DTS
使用环境	空调控制室	可以	可以	可以	可以	可以	可以
	沙漠	可以	否	否	否	否	否
	海底	否	可以	可以	可以	可以	可以
传感器配置	温度、压力传感器数目	6	3	3	24	24	24
	分布式传感器（DTS）数目	0	0	3	0	9	9
	流量传感器数目	0	0	0	0	0	8
接口配置	MODBUS RS232	可以	可以	可以	可以	可以	可以
	MODBUS RS422	可以	可以	可以	可以	可以	可以
	MODBUS RS485	可以	可以	可以	可以	可以	可以
	MODBUS TCP/IP	可以	可以	可以	可以	可以	可以
	OPC	可以	可以	可以	可以	可以	可以
	ASCII 字符串	可以	可以	可以	可以	可以	可以
	PROFIBUS	否	否	否	可以	可以	可以
	ODBCSQL database	可以	可以	可以	可以	可以	可以
	Web viewer	可以	可以	可以	可以	可以	可以
电源配置	24VDC	可以	可以	否	否	否	否
	110VAC	否	可以	可以	可以	可以	可以
	220VAC	否	可以	可以	可以	可以	可以

续表

	地面系统	RMS-WH	RMS Lite	RMS Lite with DTS	RMS	RMS with DTS	RMS with flow and DTS
本地介质	光盘	否	可以	可以	可以	可以	可以
	软盘	否	可以	可以	可以	可以	可以
	USB	否	否	否	可以	可以	可以

3.1.4.3　井口出口装置设计

井口装置的作用是在井口为井下压力密封系统提供次级压力屏障。光缆穿过悬挂器，在悬挂器的上、下端密封，缠绕在悬挂器的颈部；然后光缆进入光纤线轴和井口法兰盘的通孔。其规格如表 3.7 所示，外形如图 3.26 所示。

表 3.7　井口出口装置规格

长度/in（mm）	9（228.6）	
材料	17 - 4 合金钢	
额定工作压力/psi（MPa）	10000（69）	15000（103）
密封数量	2 级密封	
法兰标准	11¾₆ in 6BX API 法兰	
密封类型	金属-金属	

3.1.4.4　光缆及连接器选型

（1）光缆

井下光缆的长度根据井深决定。其外形如图 3.27 所示，不同尺寸的封装材料如图 3.28 所示。井下光缆规格如表 3.8 所示。单模光纤用于离散点传感器，多模光纤用于分布温度传感器。标准光缆包括 3 根光纤：2 根单模光纤用于压力温度、流量计和地震系统；1 根多模光纤用于分布温度传感系统。

图 3.26　井口出口装置外形图

图 3.27　光缆整体形状

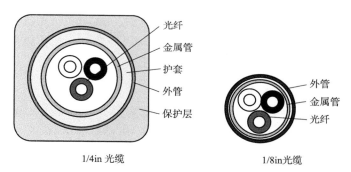

1/4in 光缆　　　　　　　　　1/8in光缆

图 3.28　光缆组成示意图

表 3.8　井下光缆规格

	1/8in 光缆	1/4in 光缆	
		0.028in 壁厚	0.035in 壁厚
结构			
光纤	2 芯单模光纤，1 芯多模光纤		
内金属管材料	304 不锈钢		
护套	N/A	特氟龙	
外铠	316ss 或	Incoloy825	Incoloy825
外铠规格/in	0.125(外径)×0.022(壁厚)	0.250(外径)×0.028(壁厚)	0.250(外径)×0.035(壁厚)
机械性能			
空气中重量/（kg/km）	44.6	1486	163.5
工作压力/psi（MPa）	20000（138）	20000（138）	25000（172.5）
坍塌压力/psi（MPa）	>30000（207）	>30000（207）	>35000（241.5）
破裂压力/psi（MPa）	34000（234.6）	20000（138）	25000（172.5）
最大拉伸载荷/kg	227	680	907
最大成缆长度/m	6096		
最小弯曲半径>1 圈/mm	50.8	101.6	
最小弯曲半径<1/2 圈/mm	25.4		
环境参数			
工作温度/℃	0~100	0~175	
存储温度/℃	-40~100	-40~175	
压力范围/psi（MPa）	大气压~20000（138）	大气压~20000（138）	大气压~25000（172.5）

现场安装如图 3.29 所示。光纤温度、压力传感器可以在运输之前就焊接在光缆上，也可以在井场利用光干式耦合器连接。

图 3.29　现场安装图

光纤流量计不允许其焊接在光缆上，所以它要在井场连接。在使用连接器时，其一端预先焊在下井光缆上，另一端焊在传感器上或集成在流量计配件中。

（2）连接器

干式光纤连接器（Dry-Mate Optical Connector）可提供可靠的、低损耗的光纤连接，可用于光压力-温度传感器、井下流量计、分布温度传感系统和井下地震检波系统。图 3.30 是其外形图。图 3.31 是连接器的两部分。

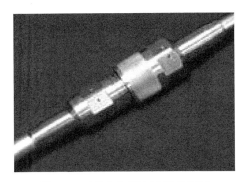

图 3.30　干式光纤连接器外形图

图 3.31　连接器接头

光纤连接器在光信号传输的过程中发挥着重要的作用。评价连接器的指标主要有三项，即插入损耗（insertion loss）、回波损耗（return loss）和重复性。

插入损耗：光纤端接缺陷造成的光信号损失，其表达式为：

$$I_L = -10\lg\frac{P_1}{P_0}(\mathrm{dB}) \tag{3.1}$$

式中　P_0——为输入端光功率；

　　　P_1——为输出端光功率。

插入损耗越小越好。

回波损耗：反映了光波端面连接的界面处产生的菲涅尔反射，反射波对光源造成干扰，所以又称为后向反射损耗。其表达式为：

$$R_{\mathrm{L}} = -10\lg\frac{P_{\mathrm{r}}}{P_0}(\mathrm{dB}) \tag{3.2}$$

重复性：光纤连接器多次插拔后插入损耗的变化，一般应小于 ±0.1dB。

该连接器具体指标如表3.9所示。

表3.9　干式光纤连接器技术参数

光纤通道数	3
插入损耗（单模光纤和多模光纤）	0.30dB（一般），0.50 dB（最大）
回波损耗（单模光纤和多模光纤）	−50dB（一般），−45dB（最大）
工作压力/psi	大气压力~15000（103MPa）
过载压力/psi	18500（128MPa）
工作温度/℃	0~150

3.1.4.5　Clarion 地震检波系统设计

基于光纤光栅干涉仪的井下地震检波系统，能提供整个油井寿命期间永久高分辨率4D油藏图像和油藏管理。

（1）Clarion 光学地震加速度计

基于光纤光栅技术的全光学地震加速度检波器是专门为永久性井下测量而设计的。它可用于垂直井、斜井及水平井。该加速度计可实现井下传感器阵列。

永久井下光纤3分量（3C）地震测量具有高的灵敏度和方向性，能产生高精度空间图像，不仅能提供近井眼图像，而且能提供井眼周围地层图像，在某些情况下测量范围能达到数千英尺。

光纤地震加速度计在油井的整个寿命期间运行，能经受恶劣的环境条件（温度达175℃，压力达14500psi），测量系统没有可移动部件和井下电子器件。每个3C地震加速度检波器被封装在直径1in的保护外壳中，能安装在复杂的完井管柱及小的空间内。地震检波器非常坚固，能经受强的冲击和振动。光纤地震检波器还具有动态范围大和信号频带宽的特点，该系统的信号频带宽度为3~800Hz，能记录从极低到极高频率的等效响应。该加速度计的技术参数如表3.10所示，外形如图3.32所示。

表3.10　Clarion 光学地震加速度计技术参数

带宽/Hz	1～800
传感器规格	单分量、正交分量、三分量
横向灵敏度	1%
最大操作温度/℃	175
最大操作范围/psi	14500（100MPa）
外径/in	0.95（24.2mm）
长度/in	10.55（268mm）
振动/Grms	15
冲击	420g 峰值，3ms 半正弦

图3.32　Clarion 光学地震加速度计外形

（2）Clarion 地震测量仪

永久井下地震测量仪能用于勘探和开发阶段的油藏成像和油藏监测。在勘探活动中，井下地震提供新远景区的图像，构建原始油藏模型。对于正在开发的油田，4D 垂直地震剖面（VSP）和连续地震监测是有用的油藏管理工具，提供油藏生产动态监测。永久井下地震检波器可提供实时流体运动、扫描效率、漏失的油气层和其他油藏参数的图像。井下永久地震监测测量获取的数据具有连续性和可比性，由于不需要更换井下测量设备，因此节约了时间和费用，减少了对健康、安全和环境的影响。该仪器的技术参数如表3.11所示，外形如图3.33所示。

表3.11　Clarion 地震测量仪技术参数

带宽	1Hz～1.4kHz
光通道数	32
动态范围	10Hz 时 129dB
畸变	0.1%
加速度计范围	0.2～200V/g
横向灵敏度	1%
最大操作温度/℃	175
最大操作范围/psi	14500（100MPa）

续表

外径/in	0.95 （24.2mm）
长度/in	10.55 （268mm）
振动/Grms	15
冲击	$420g$ 峰值，3ms 半正弦

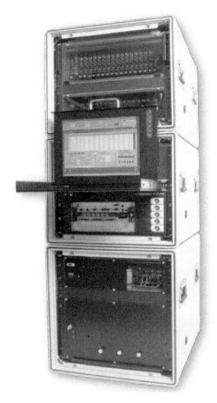

图 3.33　Clarion 地震测量仪外形

3.2　国内典型智能完井井下监测系统设计

截至目前，国内采用智能完井技术的油井与注水井 900 余口，其中液力型智能完井 430 余口（主要用于采油井中），电力型智能完井 460 余口（主要用于注水井中）。

3.2.1　中国石油（CNPC）智能完井井下监测系统设计

CNPC 从 2005 年开始进行智能完井技术攻关研究，截止到目前，已经开发出了液力型智能完井技术与全电力型智能完井技术。并已经在大庆油田、辽河油田、吐哈油田等地的采油井与注水井中得到应用。CNPC 智能完井技术应用情况如图 3.34 所示。

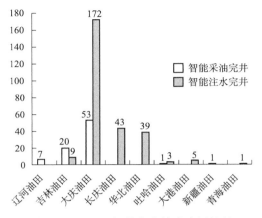

图 3.34　CNPC 智能完井技术应用情况

3.2.1.1　液力型智能完井井下动态监测系统设计

CNPC 液力型智能完井技术采用液力型液控流量控制阀 + 井下监测系统的结构，主要由井下动态监测系统、井下流动控制系统、油井优化开采系统与完井管柱与工艺四部分组成，液力型智能完井管柱如图 3.35 所示。

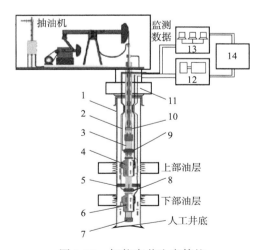

图 3.35　智能完井生产管柱

1—套管；2—数据传输缆线；3—油管；4—井下滑套 1；5—管缆穿越式封隔器；
6—井下滑套 2；7—盲堵；8、9—井下传感器及托筒；10—杆式采油泵；
11—井口采油树；12—地面控制站；13—井下动态监测地面设备；14—中央控制室

井下动态监测系统设计分为三部分：①上层为国产的井下光纤动态监测系统；②下层为进口的井下电子动态监测系统；③分布式光纤温度传感器，可以实现全井筒内流体温度测量。

（1）井下光纤动态监测系统设计

井下光纤动态监测系统设计分为井下部分和地面部分。井下部分包括光纤 F-P 传感器、托筒、井下光缆、保护卡子和井口穿越密封配件。地面部分包括地面光缆、光缆接续盒、解调器和监测软件。

光纤 F-P 传感器主要是基于光的多光束干涉原理，利用温度、压力变化与光纤 F-P 之间的对应关系，实现温度、压力测量，光纤 F-P 传感器技术参数如表 3.12 所示。

表 3.12　光纤 F-P 传感器技术参数

测温范围/℃	20 ~ 175；20 ~ 370
测温精度/℃	0.5
温度分辨率/℃	0.1
温度漂移/（℃/a）	≤0.1
测压范围/MPa	0 ~ 200
测压精度/MPa	0.02
压力分辨率/MPa	0.001
压力漂移/MPa	≤0.02

托筒是一偏心工作筒，主要作用是提供传感器压力入口通道；提供传感器安装位置并对传感器进行保护。光纤 F-P 传感器安装在托筒上，整体安装在井下滑套上部，安装方式如图 3.36 所示。

光缆保护卡子安装在油管接箍处，在有效保护接箍处凸出光缆的同时，分担光缆的自重。井口穿越密封配件保证了光缆在穿越井口时的高压密封。光缆接续盒是实现井下光缆和地面光缆连接的装备。

监控计算机与解调器将从传感器反射回来的光谱信号解释为用户可见的压力、温度数值并实时显示在监测软件界面上，可以实现数据的记录、存储、分析等功能。监测软件包含实时数据监控模块、实时曲线显示模块、分析统计模块、单位换算模块、基础数据录入模块、帮助模块。监控计算机与监测软件如图 3.37 所示。

光缆

接箍

传感头

油管

套管

图 3.36　光纤 F-P
传感器安装方式

图 3.37　监控计算机与监测软件

（2）井下电子动态监测系统设计

井下电子动态监测系统设计是使用进口高温石英电子压力、温度传感器，可以同时测量压力与温度数据，石英模式谐振器传感器可提供稳定性和可重复性，使用寿命超过 10a，技术参数如表 3.13 所示。

表 3.13　电子石英压力温度计技术参数

全长/cm	61
重量/kg	0.86
外径/mm	19
供电电压 V_{cc}	60
工作电流 I_{cc}	40mA
最长电缆长度/m	10960
工作温度范围/℃	−45 ~ 150
测温范围/℃	25 ~ 150
测温精度/℃	±0.1
温度分辨率/℃	0.005
温度漂移/（℃/a）	<0.1
测压范围/MPa	0 ~ 68.9；0 ~ 110.3
测压精度/MPa	0.02% FS
测压分辨率/MPa	0.0001% FS
压力漂移/（MPa/a）	0.0034

（3）分布式光纤温度传感器

分布式光纤温度传感器主要基于拉曼散射原理来实现温度测量，光缆本身即分布式传感器。在同步控制单元的触发下，激光器产生一个大功率光脉冲，经过光路耦合器后进入传感光纤，传感光纤发生的携带温度信息的自发拉曼散射光中的背向成分沿原路返回，通过分布式测温信号解调仪后，经过处理后将光信号转化为电信号并输出温度值。分布式光纤温度传感器技术参数如表 3.14 所示。

表 3.14 分布式光纤温度传感器技术参数

测温范围/℃	20～150；20～200；20～300
测温精度/℃	1
温度分辨率/℃	0.1
定位精度/m	1
最大工作压力/MPa	135

3.2.1.2 电力型智能完井井下监测系统设计

CNPC 电力型智能完井技术将压力、温度与流量等井下监测技术集成于井下电控滑套中。根据信号传输与供电方式将井下监测系统分为有缆与无缆两类。

（1）有缆井下监测系统设计

① 电控智能完井系统 EIC-Riped 井下监测系统设计

电控智能完井系统 EIC-Riped 的电控智能配产器集井下流量控制模块与井下信息测量模块于一身，油嘴开度可 100 级调节，是电控智能完井系统 EIC-Riped 的核心工具。其中，流量控制模块主要由电机、行星齿轮减速器和油嘴组成。通过油嘴的上、下阀体转动调整扇形孔的大小，进而调节油液流量。井下信息监测模块主要由控制电机运转的控制电路、压力传感器和温度传感器组成，可以采集井下各层段流体的压力和温度数据。压力传感器采用纳米膜压力传感器，温度传感器采用 PT1000 铂薄膜热电阻元件。电控智能配产器结构如图 3.38 所示，井下监测系统主要参数如表 3.15 所示。

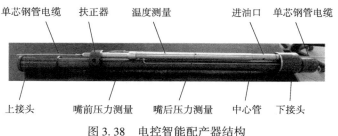

图 3.38 电控智能配产器结构

表 3.15　井下监测系统主要参数

最大工作压力/MPa	50
测压范围/MPa	0～50
最高工作温度/℃	120
测温范围/℃	0～120

② 传输系统设计

电控智能完井系统 EIC-Riped 的井口控制器控制电路主要由电源转换模块、信号处理模块、数据传输模块组成。电源转换模块将 220V 交流电转换成 DC48V，为电控智能配产器控制电路供电，同时再将电压由 48V 降到 5V，为控制器其他电子元件供电；信号处理模块主要用于将接收到的信号与需要发送的信号进行处理和分析；数据传输模块通过单芯钢管电缆连接井下配产器，通过直流载波通信方式进行信号传输，即借助单芯钢管电缆自身的电容和电阻特性，利用对电容的充电与放电及与电阻的等效关系，实现对电压进行调制的作用，从而在供电系统中载入测控信号进行分时高速传输。

③ 地面测控软件设计

地面测控软件可以实时显示测得的油井每层的温度、嘴前压力、嘴后压力和油嘴开度信息。同时，地面测控软件也可对测量的历史数据进行读取，以显示数据的变化趋势。地面测控软件界面如图 3.39 所示。

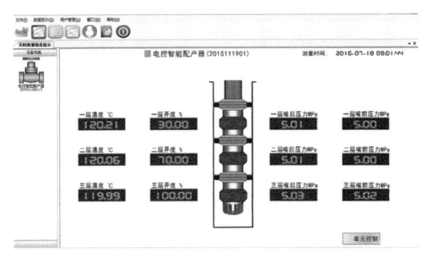

图 3.39　地面测控软件界面

（2）无缆井下监测系统设计

① 井下智能配水器

井下智能注水管柱的核心装置是集流量、压力测试和信号处理、流量调节为一体的智能配水器。该装置主要由可调水嘴、电动机、压力传感器、数据存储器、检测电路和电池等构成，其结构如图 3.40 所示，无缆井下监测系统主要参数如表 3.16 所示。

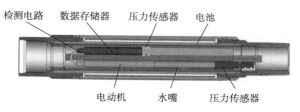

图 3.40　井下智能配水器

表 3.16　无缆井下监测系统主要参数

最大工作压力/MPa	55
测压范围/MPa	0~60
最高工作温度/℃	150
测温范围/℃	0~150
压力脉冲最大传输距离/m	3500
注水层数/层	6

② 压力/流量脉冲载波信号传输设计

井筒内注入水为连续相流体，压力场连续分布，因此可以通过施加压力扰动，产生附带地址和动作信息的可执行脉冲指令，实现地面控制装置对井下配水器的控制。配水器接收兆帕级别的压力信号，传输最大距离达 3500m。地面压力脉冲被井下压力传感器接收并滤波后变为矩形波，根据波峰分布规律解调为二进制码，包含目标小层及分层流量等动作指令。井下数据上传时，由于开关配水器无法形成兆帕级的压力脉冲，难以屏蔽井下环境压力扰动影响，因此采取流量脉冲的传输方式代替压力脉冲将数据反馈到地面，压力脉冲编码如图 3.41 所示。

起始位　数据包括1位层号+2位层号内压+2位外压+3位流量+2位开度-1位校验等　结束位

图 3.41　压力脉冲编码协议

3.2.2 中国海油（CNOOC）智能完井井下监测系统设计

CNOOC 从 2012 年开始研究智能完井技术，截止到目前已经开发出了液力型智能完井技术与全电力型智能完井技术。并已经在渤海油田、南海油田等地的采油井与注水井中得到应用。

3.2.2.1 液力型智能完井井下永久监测技术

CNOOC 液力型智能完井技术采用直接水力型液控流量控制阀 + 电子监测系统的结构，智能完井管柱组成如图 3.42 所示。

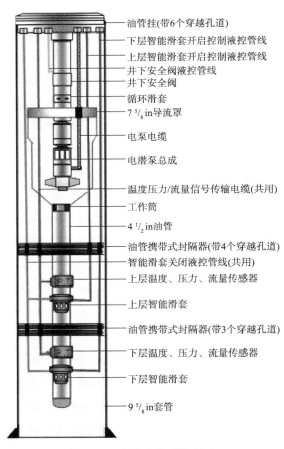

油管挂(带6个穿越孔道)
下层智能滑套开启控制液控管线
上层智能滑套开启控制液控管线
井下安全阀液控管线
井下安全阀
循环滑套
$7\frac{5}{8}$in导流罩
电泵电缆
电潜泵总成
温度压力/流量信号传输电缆(共用)
工作筒
$4\frac{1}{2}$in油管
油管携带式封隔器(带4个穿越孔道)
智能滑套关闭液控管线(共用)
上层温度、压力、流量传感器
上层智能滑套
油管携带式封隔器(带3个穿越孔道)
下层温度、压力、流量传感器
下层智能滑套
$9\frac{5}{8}$in套管

图 3.42 智能完井管柱组成

井下永久监测系统由地面操作控制站、监测信号传输系统、井下永久监测系统等三部分组成，其主要功能是实现在线监测井筒环空内与油管内流体的压力、温度等参数，实现对生产层的监测。井下永久监测系统结构设计如图 3.43 所示。

图 3.43 井下永久监测系统结构示意图

（1）井下永久监测系统设计

井下永久监测系统的功能是将目的地层的油管管内和环空的压力、温度等地层参数转换成电信号，并通过电缆传输到地面系统，实现对目的地层的参数测量，为油藏动态描述和油藏生产优化提供基础数据。井下监测传感器选用电子压力计与电子温度传感器作为井下监测传感器进行油藏压力与温度参数的测量，传感器参数如表 3.17 所示。

表 3.17　井下监测传感器技术参数

传感器类型	温度量程/℃	压力量程/MPa	测量精度
电子压力计	—	0 ~ 50	±0.1% FS
电子温度传感器	0 ~ 150	—	±0.5℃

（2）传输系统设计

传输电缆是连接地面监控系统和井下传感器之间的通信，将井下监测传感器测量的信号传输到地面系统，选用 1/4in 单芯钢管电缆进行供电和通信，信号以载波的方式与供电共用一根缆芯。该电缆电阻为 10Ω/km 左右，信号衰减很小。井下通信距离可达 5km，可靠性高。

（3）地面操作控制站设计

地面控制站给井下电子传感器提供电源，实时记录并处理井下温度、压力和流量信号，直接显示并生成历史曲线，以实现对生产层的动态监测。地面控制站对数据进行分析、处理和存储，其存储的大量数据可与油藏对接。系统地面部分主要由信号解调模块、信号处理模块等几部分组成。系统技术参数如表 3.18 所示。井下信息监测界面如图 3.44 所示。

表 3.18　地面操作控制站技术参数

输入电压/VAC	工作环境温度/℃	输出接口
220	−20 ~ 85	USB

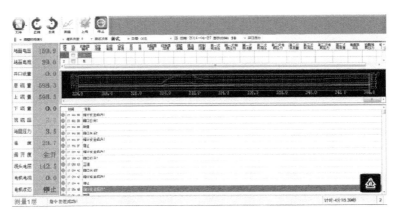

图 3.44　井下信息监测界面

　　地面操作控制站主要分为压力监视区、流量及井下滑套阀开度运行监视区、远程控制区及流量曲线显示区四部分。压力监视区主要是显示液压泵的出口压力及滑套阀驱动回路的实时压力。流量及井下滑套阀开度运行监视区主要是瞬时流量、累计流量监测及运行时间记录。远程控制区主要是对控制回路电磁阀的控制及电机的启停控制。流量显示可以查看实时或历史曲线。井下滑套阀位移监测原理是以进油量和回油量为判定条件，实现对井下控制器的开度调节并精准反馈开度位置。地面操作控制站主界面如图 3.45 所示。

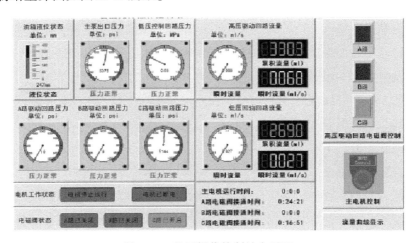

图 3.45　地面操作控制站主界面

3.2.2.2　电力型智能完井井下监测系统设计

　　CNOOC 电力型智能完井技术中将压力、流量等监控系统集成于智能测调工作筒中，电缆即提供电源，同时又是数据传输的介质，主要用于多层注水井中，实现精细注水。

（1）智能测调工作筒井下监测系统设计

智能测调工作筒主要由上接头，上、下流量计，可调水嘴与压力计等组成。该工作筒采用两个高精度电磁流量计，一个位于可调水嘴上游，一个位于可调水嘴下游，上流量计计量流入总流量，下流量计计量流出总流量，两者相减得到该层的实际注入流量。上接头与电缆连接，通过电缆为智能测调工作筒供电，下接头电缆穿出与下一层段的智能测调工作筒相连接。智能测调工作筒内部安装两支压力计，一支压力计位于上流量计下部，另外一只对称分布，两支压力计分别负责监测环空内和管内水的压力。智能测调工作筒结构设计如图 3.46 所示，主要参数如表 3.19 所示。

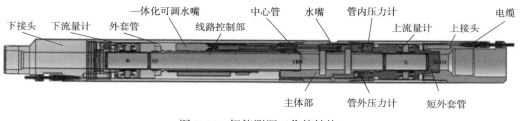

图 3.46 智能测调工作筒结构

表 3.19 智能测调工作筒主要参数

最大外径/mm	116
最小内径/mm	44
最大排量/（m³/d）	800
最大工作压力/MPa	60
最高工作温度/℃	150
最大输出扭矩/（N·m）	8

（2）智能注入阀井下监测系统设计

智能注入阀由上接头、上电缆头、过流通道、验封短节、一体化可调水嘴短节、电机总成、流量计短节、控制电路板、下电缆头和下接头等组成，其结构设计如图 3.47 所示，主要参数如表 3.20 所示。智能注入阀将井下监测工作筒与配水器集成为一体，井下监测系统包括压力、温度与流量等油藏参数监测。通过钢管电缆给流量计测试模块、验封模块、电路板控制模块、水嘴调节控制模块供电并传输信息，水嘴可以连续调控。

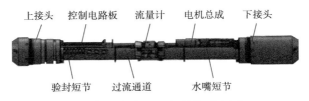

上接头　控制电路板　流量计　电机总成　下接头

验封短节　过流通道　水嘴短节

图 3.47　智能注入阀结构示意图

表 3.20　智能注入阀主要参数

最大外径/mm	114
最小内径/mm	41
长度/mm	1400
最大排量/ (m³/d)	500
最大工作压力/MPa	60
测压范围/MPa	0 ~ 30
水嘴全开当量直径/mm	16
水嘴开启压差/MPa	20
最高工作温度/℃	150
控制层段数/层	8

① 压力与温度监测设计

智能注入阀安装有管内与管外压力与温度传感器，由独立的单片机采集压力、温度信号。通过压力传感器完成对管内、外压力的测取，通过温度传感器测取温度，既可以对压力进行补偿，也可以保证测量的准确度。该温度传感器使用 Pt1000 铂电阻，可靠性强，测量精度高。

② 流量监测设计

智能注入阀上接头分道将液体引入流量计测试模块，下部流体进入一体化水嘴，使流量计测试模块有较好的长期工作稳定性和密封性。所优选的差压流量计与差压传感器均具有结构牢固、性能长期稳定可靠、使用寿命长等优点。流量计技术参数如表 3.21 所示。

表 3.21　流量计技术参数

长度/mm	850
最大外径/mm	26
最小内径/mm	20
最大工作压力/MPa	60

续表

最大工作温度/℃	150
测量量程/（m³/d）	0~500
测量精度	2%FS

3.2.3　北京蔚蓝仕公司光纤井下监测系统设计

北京蔚蓝仕的光纤监测与控制系统可以同时对单口或多口油井中不同深度的点进行温度和压力的实时测量，并将测量数据进行永久保存。该系统设计的技术指标如表3.22所示。

表3.22　温度压力系统技术指标

名称	参数数值
数据存储	5a
采样率	4s/通道
通道数量	≤32信道/下位机
数据接口	RS-485；RS-232；USB2.0；LAN
测温范围/℃	室温~175
温度精度/℃	0.5
温度分辨率/℃	0.1
测压范围/psi	5000（35MPa）；10000（69MPa）；15000（103MPa）；25000（172MPa）
压力精度/%FS	0.05
压力分辨率/psi	1
压力漂移/（psi/a）	≤3

3.2.3.1　井下压力、温度解调仪

该设备实现温度和压力传感器光谱信号的解调，将从传感器反射回来的光谱信号解调为用户可见的压力、温度数值实时显示在软件界面上，并对数据进行实时存储，其技术参数如表3.23所示，外形如图3.48所示。同时，可为整个现场监测提供光源激励。

表 3.23　井下压力、温度解调仪技术指标

光纤接口	FC/APC
外形尺寸（mm × mm × mm）	480 × 90 × 470
电源	220V，50Hz
功率/W	250（最大）
工作环境/℃	− 5 ~ 55
数据接口	RS-485；RS-232；USB2.0；LAN

图 3.48　井下温度压力解调仪

3.2.3.2　温度、压力传感器选型

北京蔚蓝仕公司的温度是利用光纤光栅进行测量的。温度、压力传感器包括单点传感器（外形如图 3.49 所示，技术参数如表 3.24 所示）、双点传感器（外形如图 3.50 所示，技术参数如表 3.25 所示）。二者都可用于井下温度、压力的测量。区别在于单点传感器可单独测量油管内压力和温度，或者油管和套管环空空间内的压力和温度；双点传感器可以同时实现油管内和环空内压力和温度的测量。

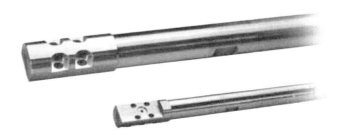

图 3.49　单点传感器

表 3.24　单点传感器技术参数

尺寸/mm	$\phi22 × 860$（通径 × 长）
抗冲击	500g
材料	316L；Inconel825

图 3.50 双点传感器

表 3.25 双点传感器技术指标

尺寸/mm	$54 \times 22 \times 860$（宽×高×长）
抗冲击	500g
材料	316L；Inconel825

北京蔚蓝仕公司的温度、压力传感器分为单点内压、单点外压和双点传感器。与之对应地，传感器托筒也分为单点内压、单点外压和双点托筒。此模块可以用来进行传感器在井下的安装固定，提供压力入口，对安装在其上的双点传感器进行下井过程中的机械保护。托筒的尾部可以实现铠装光缆的卡紧，可以防止铠装光缆在下井的过程中与传感器发生转动和相对移动，保证传感器信号传输的安全可靠。

单点传感器托筒技术参数如表 3.26 所示，外形如图 3.51 所示。双点传感器托筒的技术参数如表 3.27 所示，其外形如图 3.52 所示。

表 3.26 单点传感器托筒规格指标

尺寸/in	$2\frac{7}{8}$	$3\frac{1}{2}$	$4\frac{1}{2}$	$5\frac{1}{2}$	7
重量/kg	26	34.7	45.4	59.1	96.6
最大外径/mm	$\phi123$	$\phi139$	$\phi164$	$\phi190$	$\phi228$
最小套管尺寸/in	$5\frac{1}{2}$	$6\frac{5}{8}$	7	$8\frac{5}{8}$	$9\frac{5}{8}$
托筒长度/mm	2100				
材料	N80；13% Cr；Inconel825				

图 3.51 单点传感器托筒

表 3.27 双点传感器托筒技术指标

尺寸/in	$2\frac{7}{8}$	$3\frac{1}{2}$	$4\frac{1}{2}$	$5\frac{1}{2}$	7
重量/kg	26	34.7	45.4	59.1	96.6
最大外径/mm	$\phi123$	$\phi139$	$\phi164$	$\phi190$	$\phi228$
最小套管尺寸/in	$5\frac{1}{2}$	$6\frac{5}{8}$	7	$8\frac{5}{8}$	$9\frac{5}{8}$
托筒长度/mm	2100				
材料	N80；13%Cr；Inconel825				

图 3.52 双点传感器托筒

3.2.3.3 井下光缆选型

井下铠装光缆的技术参数如表 3.28 所示，外形如图 3.53 所示。

表 3.28 井下光缆技术参数

光缆类型	单模光纤
光纤芯数	2～12 芯
最高耐温/℃	120；200；400
最大工作压力/psi	30000（207 MPa）
光缆外径/in	1/4（6.35mm）
光缆重量/（kg/km）	180
抗拉强度/N	4700
最大成缆长度/km	10
外铠材料	316L；Incoloy718/825/925（高镍基合金钢）

图 3.53 井下铠装光缆

3.2.3.4 井下光缆保护器选型

光缆保护器主要是在下井的过程中分担光缆的自重，使光缆不承受自身的重量。除此之外，该模块安装在接箍处，可以有效保护接箍处凸出的光缆，避免光缆外铠与套管内壁的磨损及挤压，其技术参数如表 3.29 所示，结构如图 3.54 所示。

表 3.29 光缆保护器技术参数

尺寸规格/in	$2\frac{7}{8}$；$3\frac{1}{2}$；$4\frac{1}{2}$
所卡缆线种类	1/4in；11×11mm
材料	不锈钢，低碳钢

图 3.54 光缆保护器

3.2.3.5 Y 形分支器及卡具设计

Y 形分支器及卡具可以将两根光缆内的光纤并到一根多芯井下铠装光缆内，这样对于井下的多支传感器就可以通过一根多芯井下铠装光缆来进行所有信号的并行传输，其技术参数如表 3.30 所示，外形如图 3.55 所示。

表 3.30 分支器及卡具技术参数

最大工作压力/psi	30000（207 MPa）
Y 形分支器长度/mm	680
工作温度/℃	0 ~ 400
卡具尺寸规格/in	$2\frac{7}{8}$；$3\frac{1}{2}$；$4\frac{1}{2}$
卡具长度/mm	1200
材料	316L；Incoloy718

图 3.55 Y 形分支器及卡具

3.2.3.6 光缆焊点保护器及卡具设计

焊点保护器主要是对光缆断点续接处进行密封及有效的机械保护，卡具是用来实现焊点保护器在管柱中间任何位置的安装固定。可用于光缆穿越封隔器后的续接及光缆卡断后的续接，其技术参数如表 3.31 所示，外形如图 3.56 所示。

该模块是可选用组件。井下光缆尽量不要折断，一旦折断，可以重新续接，此时就要用到光缆焊点保护器和卡具。

表 3.31 焊点保护器及卡具技术参数

最大工作压力/psi	30000（207 MPa）
焊点保护器直径/mm	$\phi22$
焊点保护器长度/mm	596
工作温度/℃	0 ~ 400
卡具尺寸规格/in	$2\frac{7}{8}$；$3\frac{1}{2}$；$4\frac{1}{2}$
卡具长度/mm	1100
材料	316L；Incoloy718

图 3.56 光缆焊点保护器及卡具

3.2.3.7 穿越密封组件设计

穿越密封组件可实现井下铠装光缆从封隔器穿越以及从井口油管挂和采油树上法兰穿越后的高压密封，其技术参数如表 3.32 所示，外形如图 3.57 所示。

表 3.32 穿越密封组件技术参数

螺纹规格	1/4inNPT；3/8inNPT；1/2inNPT
卡套规格/in	1/4
最高承压/psi	25000（172MPa）
最高耐温/℃	400
材料	316L，Incoloy718（高镍基合金钢）

图 3.57 穿越密封组件

3.2.3.8 通道扩展模块选型

通过该通道扩展模块可以实现多传感器之间的信号切换，可以利用一台解调仪最多同时解释 32 支传感器光谱信号，其技术参数如表 3.33 所示，外形如图 3.58 所示。

表 3.33 通道扩展模块技术参数

通道扩展数目	2；4；8；16；24；32
切换速度/ms	30
光纤接头形式	FC/APC
机箱规格	标准 2U 机箱
外形尺寸/mm	$483 \times 89 \times 470$
工作温度/℃	$-5 \sim 55$
功率/W	250（最大）
电源	220V/50Hz

图 3.58 通道扩展模块

3.2.3.9 地面光缆选型

地面光缆用于实现从井口到放置解调仪设备间的信号传输，其技术参数如表 3.34 所示，横截面如图 3.59 所示。

表 3.34 地面光缆技术参数

光缆类型	单模光纤
光纤芯数	2~64 芯
最高耐温/℃	120
长度/km	>10
铺设方式	地埋；架空；穿管

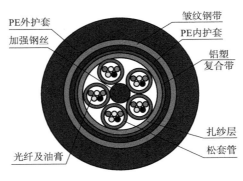

图 3.59　地面光缆横截面

3.3　威德福和北京蔚蓝仕公司井下监测系统比较

威德福公司和北京蔚蓝仕公司都有温度、压力传感器和光缆，现将二者做一比较。

3.3.1　传感器

威德福和北京蔚蓝仕两个厂家的传感器都有单点温度、压力传感器和分布温度传感器。只是威德福的温度、压力传感器是光纤光栅传感器；而北京蔚蓝仕的压力传感器是利用法布里-珀罗腔实现测量的，温度是光纤光栅传感器。现将这两个厂家的传感器的主要参数进行比较，如表 3.35 所示。

表 3.35　威德福和北京蔚蓝仕公司的传感器比较

类型	项目	威德福	蔚蓝仕	备注
单点温度、压力	压力范围/MPa	0～69；0～137.9	0～35；0～69；0～103；0～172	威德福的产品还给出了过载压力以及传感器的尺寸
	压力精度/MPa	0.014	0.05% FS	
	压力分辨率/MPa	0.0002	0.001	
	压力漂移/（MPa/a）	<0.003	<0.02	
	测温范围/℃	25～150	室温－175；室温－370	
	温度精度/℃	0.1	0.5	
	温度分辨率/℃	0.02	0.1	
	温度漂移/（℃/a）	<0.1	<0.1	
分布温度	温度分辨率/℃	0.1	0.1	威德福有两种型号的解调仪
	空间分辨率/m	2	0.25	

3.3.2　光缆

两个厂家的光缆比较如表 3.36 所示。

表 3.36　光缆比较

项目	威德福	蔚蓝仕	备注
光纤芯数	3 芯	2~12 芯	威德福的产品包括 1/8in、1/4in（0.028in wall、0.035in wall）
光缆外径/in	1/4	1/4	
最高承压/MPa	172.4	200	
最高耐温/℃	0~175	370	
光缆重量/（kg/km）	164	180	
最大成缆长度/km	6.096	10	

4　流量控制阀流入动态特性分析

4.1　综合流量系数 C_v 计算模型

　　流量控制阀一般安装在产层的上部，产层上部穿越式封隔器的下端。环空产层流体经过流量控制阀的阀孔进入油管内。由于流量控制阀的阀孔相对于环空和油管的截面积很小，所以，流量控制阀的阀孔相当于一个节流口，因此，在这个过程中产层流体的压力有所降低，在阀孔的前后产生一个压差 Δp_{ICV}。流量控制阀流场示意图如图 3.1 所示，图中 p_a 为流量控制阀阀孔上游 L_2 断面 2 处的流体压力，p_t 为产层流体通过流量控制阀阀孔后流到流量控制阀阀孔下游 L_1 断面 1 处剩余的流体压力，q_a 为环空产层流体的流量，A_{ICV}、A_a 与 A_t 分别为流量控制阀阀孔、环空与油管截面面积，L_1 与 L_2 分别为流量控制阀阀孔上、下游产层流体流经的距离。取 L_1 与 L_2 极其小，则产层流体从断面 2 处到断面 1 处产生的压差 Δp_{ICV} 为 p_a 与 p_t 之差。流量控制阀通过调整开度的大小实现对产层流体压降的控制，产层流体产生压降的大小与流量控制阀的开度和控制流量有关。由于产层流体的压降是发生在流量控制阀阀孔的前后，因此，可以忽略位置水头的影响。

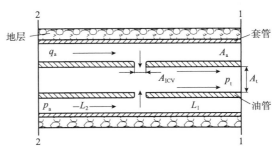

图 4.1　流量控制阀流场示意图

　　从图 4.1 可以看出环空产层流体通过流量控制阀阀孔进入油管内的过程可以分为两个过程。首先，环空产层流体流入流量控制阀阀孔的过程是由粗管道进入细管

道的过程，相当于一个突缩管，会产生一个局部水头损失 h_{ICV-u}；其次，当产层流体
从流量控制阀的阀孔流入油管时，相当于一个突扩管，会再次产生一个局部水头损
失 h_{ICV-d}。根据英国 D. S. Miller 等对局部水力损失的研究，可知当两个邻近局部水力
损失的长度 l 小于 $3d$ 时，两者之间存在相互干扰，不可以忽略，计算流体产生通过
流量控制阀阀孔的局部水力损失，不能直接将两者相加，必须乘以干扰修正系数进
行修正。干扰修正系数范围如表4.1所示。

表4.1　干扰修正系数 C 的变化幅度

l/d	0	1	2	3	4	10
C 的下限	0.5	0.5	0.5	0.5	0.5	0.7
C 的上限	3	2	1.3	1.2	1.1	1

由于 L_1 与 L_2 极其小，因此产层流体经过 L_1 与 L_2 产生的沿程水头损失远小于其
他的水头损失，可以忽略；且不用考虑两个断面处的动能修正系数，即取动能修正
系数为1；阀孔的边缘为流线型，阻力系数为0.005，相比较其他的摩阻损失很小，
所以忽略阀孔边缘产生的水头损失。取断面1与断面2建立伯努力方程，为

$$\frac{p_a}{\rho_L g} + \frac{v_a^2}{2g} = \frac{p_t}{\rho_L g} + \frac{v_t^2}{2g} + C \cdot (h_{ICV-u} + h_{ICV-d}) \tag{4.1}$$

由连续性方程可得

$$\rho_L q_a = \rho_L v_{ICV} A_{ICV} = \rho_L v_a A_a = \rho_L v_t A_t \tag{4.2}$$

所以

$$v_{ICV} A_{ICV} = v_a A_a = v_t A_t \tag{4.3}$$

故有

$$v_a = v_{ICV} \frac{A_{ICV}}{A_a}, v_t = v_{ICV} \frac{A_{ICV}}{A_t} \tag{4.4}$$

将公式（4.4）代入公式（4.1）中，得

$$\frac{2(p_a - p_t)}{\rho_L} = \left[\left(\frac{A_{ICV}}{A_t} \right)^2 - \left(\frac{A_{ICV}}{A_a} \right)^2 \right] v_{ICV}^2 + C \cdot (2gh_{ICV-u} + 2gh_{ICV-d}) \tag{4.5}$$

根据包达公式可以求得局部水头损失 h_{ICV-u} 和 h_{ICV-d}。

$$h_{ICV-u} = \left(0.5 - \frac{A_{ICV}}{2A_a} \right) \frac{v_{ICV}^2}{2g} \tag{4.6}$$

$$h_{ICV-d} = \left(1 - \frac{A_{ICV}}{A_t} \right)^2 \frac{v_{ICV}^2}{2g} \tag{4.7}$$

将公式（4.6）与公式（4.7）代入公式（4.5）中，得

$$v_{ICV} = \cfrac{\sqrt{2}}{\sqrt{\left(\cfrac{A_{ICV}}{A_t}\right)^2 - \left(\cfrac{A_{ICV}}{A_a}\right)^2 + C \cdot \left[1.5 - \cfrac{A_{ICV}}{2A_a} - \cfrac{2A_{ICV}}{A_t} + \left(\cfrac{A_{ICV}}{A_t}\right)^2\right]} \sqrt{\cfrac{(p_a - p_t)}{\rho_L}}} \quad (4.8)$$

由于 $\Delta p_{ICV} = p_a - p_t$，即

$$v_{ICV} = \cfrac{\sqrt{2}}{\sqrt{\left(\cfrac{A_{ICV}}{A_t}\right)^2 - \left(\cfrac{A_{ICV}}{A_a}\right)^2 + C \cdot \left[1.5 - \cfrac{A_{ICV}}{2A_a} - \cfrac{2A_{ICV}}{A_t} + \left(\cfrac{A_{ICV}}{A_t}\right)^2\right]} \sqrt{\cfrac{\Delta p_{ICV}}{\rho_L}}} \quad (4.9)$$

由公式（4.2）得

$$q_a = v_{ICV} A_{ICV} \quad (4.10)$$

将公式（4.9）代入公式（4.10）中，得

$$q_a = \cfrac{\sqrt{2} A_{ICV}}{\sqrt{\left(\cfrac{A_{ICV}}{A_t}\right)^2 - \left(\cfrac{A_{ICV}}{A_a}\right)^2 + C \cdot \left[1.5 - \cfrac{A_{ICV}}{2A_a} - \cfrac{2A_{ICV}}{A_t} + \left(\cfrac{A_{ICV}}{A_t}\right)^2\right]} \sqrt{\cfrac{\Delta p_{ICV}}{\rho_L}}} \quad (4.11)$$

令

$$C_v = \cfrac{\sqrt{2} A_{ICV}}{\sqrt{\left(\cfrac{A_{ICV}}{A_t}\right)^2 - \left(\cfrac{A_{ICV}}{A_a}\right)^2 + C \cdot \left[1.5 - \cfrac{A_{ICV}}{2A_a} - \cfrac{2A_{ICV}}{A_t} + \left(\cfrac{A_{ICV}}{A_t}\right)^2\right]}} \quad (4.12)$$

公式（4.12）为综合流量系数 C_v 的计算公式。从公式 4.12 中可以看出综合流量系数为流量控制阀阀孔面积的函数。将公式（4.12）代入公式（4.11）中，得

$$q_a = C_v \sqrt{\cfrac{\Delta p_{ICV}}{\rho_L}} \quad (4.13)$$

公式（4.13）为流量控制阀控制的流量与产生压差的关系式。从公式（4.13）中可以看出通过流量控制阀阀孔的流量与阀孔产生的压差成正比。

根据现场条件与要求设计流量控制阀的阀孔形状与数量时，根据 D. S. Miller 原则与公式（4.12）可以合理计算出所设计的流量控制阀阀孔的综合流量系数，代入公式（4.13）后，可以绘制出所设计的流量控制阀的流量与产生压差的关系曲线，

比较直观地反映出所研制的流量控制阀流入动态特性。如果不符合设计要求，可以变换阀孔的形状与数量，使之进一步满足设计要求。如此不仅可以提高工作效率与减少误差，还可以减少实验工作量与节省成本。对已经加工出来的流量控制阀可以通过实验直接测量流量与内、外压差，并将测量值代入公式（4.13）中计算出综合流量系数 C_v，将测量的结果与设计的结果进行对比分析，并计算出干扰修正系数 C。修正以后可以根据需要控制的任意产量与压差确定流量控制阀需要打开的程度。

4.2　流量控制阀流入动态特性分析

流量控制阀的流入动态特性曲线图如图 4.2 所示。从图 4.2 可以看出相同流量下流量控制阀的开度越小，产生的节流压降越大，相同开度下流量越大，产生的节流压降越大。从图 4.2 中的曲线还可以看出流量控制阀相同开度下流量与节流压降成非线性关系，并且流量控制阀的开度越小，曲线斜率随流量变化越陡峭，开度越大，曲线斜率随流量变化越缓慢。从图 4.2（a）中可以看出，0.4% 与 1% 开度曲线变化是最陡峭的，相同流量下其产生的压降是最大的，9% 开度曲线相对变化缓慢；图 4.2（b）中 10% 开度的曲线变化率比 50% 的大；图 4.2（c）中 60% ～100% 范围内的开度产生的压降最小。综合分析得出，流量控制阀主要起到调控压力作用的开度范围为 0% ～20%，20% 开度以后流量控制阀调控压力的效果非常有限。

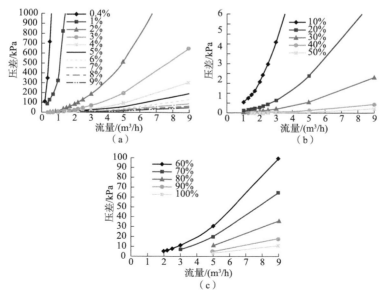

图 4.2　流量控制阀流入动态特性曲线

　　将流量控制阀综合流量系数的实际值与设计值绘制成曲线，如图 4.3 所示。从图 4.3 可以看出，综合流量系数与开度的关系曲线是弧形，实际值与设计值的大体趋向相同，0%～50% 之间开度的综合流量系数基本一致，但是 50%～100% 之间开度的综合流量系数相差很大，实际综合流量系数曲线变化比较陡峭，而设计的综合流量系数曲线变化比较平缓。如果用设计的综合流量系数计算流量，误差会比较大。当确定了通过流量控制阀的流体流量与需要产生的压差，根据公式（4.13）即可确定综合流量系数的值 C_{v1}；在综合流量系数 C_v 与开度关系曲线纵坐标上绘制通过 C_{v1} 值与横坐标平行的直线，该直线与曲线的交点的横坐标即为流量控制阀需要打开的开度系数 a_1，通过交点附近的相邻两点数值，利用线性插值计算可以计算出开度系数 a_1，利用公式（4.17）可以确定流量控制阀阀孔打开的程度。因此，通过综合流量系数与开度的关系曲线可以快速确定流量控制阀的开度。

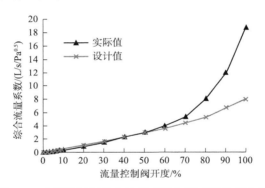

图 4.3　流量控制阀综合流量系数与开度的关系曲线

5 井下压力监测数据解释分析

智能完井井筒与常规井筒结构不同,利用穿越式封隔器与流量控制阀将井下各产层分隔开来,每个产层内流体被封隔器、流量控制阀和油管分成环空内流体和油管内流体两个部分,环空内流体与油管内流体通过流量控制阀的阀孔相连通。产层流出的流体先流入产层环空,经过流量控制阀阀孔流入油管内,然后与其他流入油管内的产层流体混合后流出地面。多层合采智能井结构如图 5.1 所示。从图 5.1 可以看出每个层段均安装有一个流量控制阀和一组双点压力温度计测量环空与油管内流体的压力和温度数据,双点压力温度计安装在流量控制阀的上方,距离很近,可以忽略双点压力温度计测点与流量控制阀阀孔之间的压差,双点压力温度计测量的环空压力和温度即为流量控制阀阀孔上游位置的压力和温度,双点压力温度计测量的油管内压力温度即为阀孔下游位置的压力和温度。如何建立数学模型对测量的压力和温度数据进行解释是智能井技术的难点之一。

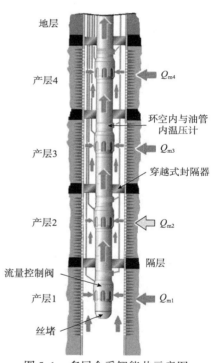

图 5.1 多层合采智能井示意图

5.1 产层环空与油管内流体压力梯度分析

从图 5.1 中可以看出每个产层的厚度相对于全井筒很小,每个产层被上、下穿越式封隔器分隔开来,每一个层段可以近似为一个微单元;另外,除了产层 1 与它产层的管柱结构不同外,其余产层的管柱结构都相同。

5.1.1 产层环空内流体压力梯度分析

利用数值模拟技术建模分析产层环空与油管内流体的流动特点，如图 5.2、图 5.3 所示。从图 5.2 中可以看出环空内流体从底部 A 流向顶部 B 阀孔处的整个流动过程中不断有流体从射孔孔眼中流入环空内参与流动，在这个流动过程中环空内流体的质量不断地增加，因此，这部分流动为变质量流动。从图 5.3 可以看出，由于流量控制阀安装在第 1 产层的顶端，油管没有贯穿整个产层，不构成油套环空结构，所以进入套管内的流体沿套管向流量控制阀阀孔处流动，并且在整个流动过程中，井筒内的流体沿井筒方向质量不断地增加，这也是一个变质量流动过程。因此，流体在井筒环空内和井筒内均为变质量流动，需要结合变质量流动理论计算环空内与产层 1 井筒内的流体压力梯度。

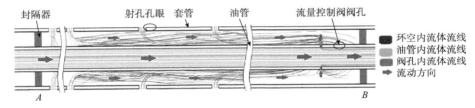

图 5.2　环空内与油管内流体流动方式

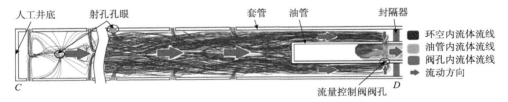

图 5.3　产层 1 井筒内流体流动方式

5.1.2 油管内流体压力梯度分析

从图 5.2 中可以看出产层环空内的流体通过流量控制阀阀孔流入油管内与油管内主流流体混合流动的过程类似于变质量流理论中单孔眼壁面入流的情况。产层环空内流体通过流量控制阀的阀孔流入油管内，与油管内的流体相混合后继续向地面流动。由于阀孔的径向入流会干扰油管内主流的流动，引起混合后流体的压力损失。

根据汪志明的孔眼入流变质量流理论研究得知，当流体经过流量控制阀阀孔的流量与油管内主流量之比小于临界注入比 1/3200 时，可以忽略混合压降的影响；当流体经过流量控制阀阀孔的流量与油管内主流量之比大于临界注入比 1/3200 时，混合压降出现并且开始发挥作用。但是，由于流量控制阀的阀孔是二列、四列或八列对称分布在流体节流阀套上，与单孔眼的井筒结构有区别，因此需要通过数值模拟验证临界注入比是否适用于流量控制阀阀孔的壁面入流情况。

采用 fluent 数值模拟进行流量控制阀阀孔流量与油管内主流量临界比的数值模拟分析。分析步骤如下：

（1）分别建立流量控制阀阀孔开度 5% 和 20% 的流量控制阀阀孔微元段的流体 2D 模型。以阀孔为基准点，阀孔前后油管长度与环空流体长度至少大于 6 倍管径，可以确保下游断面恢复到稳定的管流流速分布，各微元流体模型如图 5.4 所示；

图 5.4　流量控制阀阀孔微元流体模型

（2）采用 Gimbit 软件划分网格，并将划分好的网格代入 fluent 中；

（3）选用标准的 k-epsilon 湍流模型运算模型；

（4）流体介质分别选用水、白油；

（5）按照阀孔流量与主流流量的临界值 1/3200 设置边界条件，选用一个小于临界值的流量比 0.667/3200 设置边界条件，在选用一个大于临界值的流量比 2/3200 设置边界调节；

（6）迭代结束，结果分析。

从图 5.5 ~ 图 5.8 中的压力云图、速度云图和流线分布图可以看出流体为白油和水时，变化趋势相似。当流量控制阀阀孔流量与主流流量的比值为临界值 1/3200 时阀孔出口处产生的压力扰动比较小；速度云图显示也只是在阀孔处产生了速度突变，但是马上就被主流流体带走流向下游了，对下游流体没有影响；流线分布仅是在阀孔的出口处受到些微扰动之后马上就恢复正常了。

当流量控制阀阀孔流量与主流流量的比值小于临界值 1/3200 时，从图中压力云图和速度云图可以看出，经过阀孔的流体进入油管内后直接转向下游，即油管内主流流体的流动方向，没有产生回流，说明阀孔的入流对油管内的主流产生的影响很小，几乎没有产生扰动，产生的影响近似可以忽略，油管壁面的摩擦压降与无阀孔入流时相差不多。

当流量控制阀阀孔流量与主流流量的比值大于临界值 1/3200 时，从压力云图和速度云图可以看出在阀孔出口处油管内主流受到阀孔入流的强烈扰动，在阀孔出口处形成漩涡，出现流动分离，从流线分布图中可以清晰地看到分离情况。当油管内流体经过分离漩涡时，流体不断产生回流，压力能出现损失。

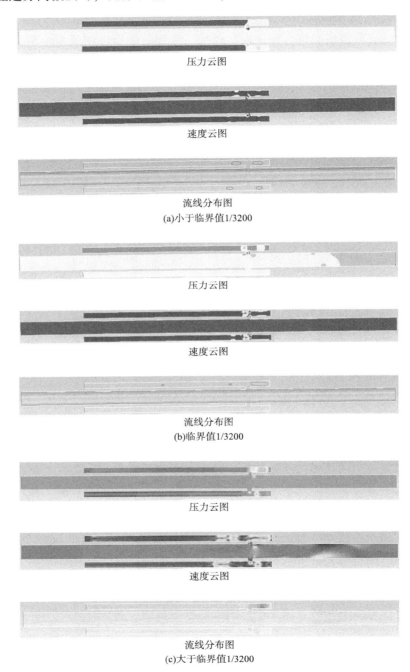

图 5.5　水为流体介质开度 5% 数值模拟结果

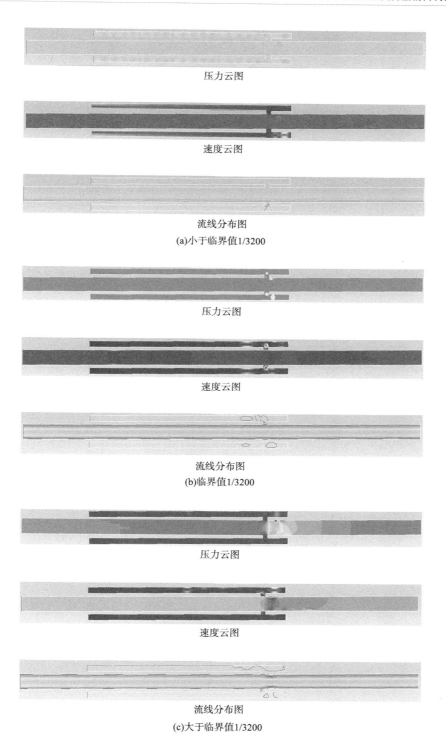

压力云图

速度云图

流线分布图

(a)小于临界值1/3200

压力云图

速度云图

流线分布图

(b)临界值1/3200

压力云图

速度云图

流线分布图

(c)大于临界值1/3200

图5.6 白油为流体介质开度5%数值模拟结果

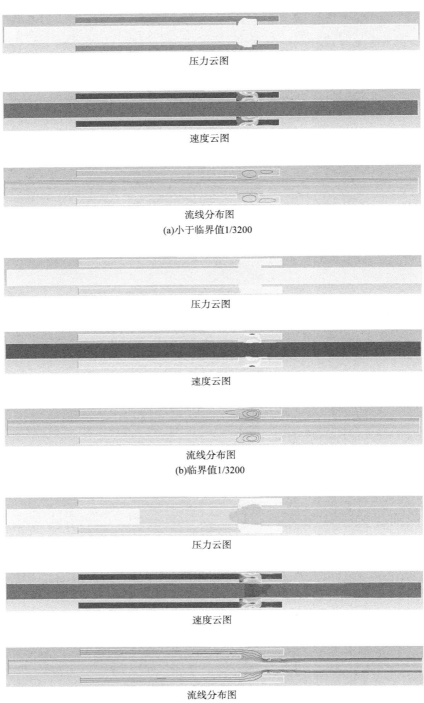

压力云图

速度云图

流线分布图

(a)小于临界值1/3200

压力云图

速度云图

流线分布图

(b)临界值1/3200

压力云图

速度云图

流线分布图

(c)大于临界值1/3200

图 5.7　水为流体介质开度 20% 数值模拟结果

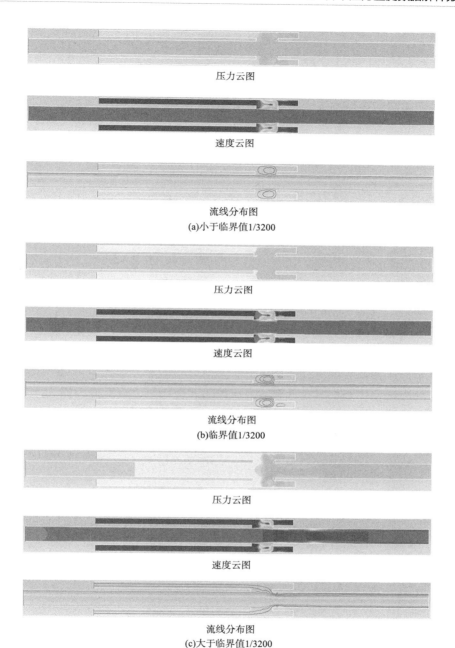

图 5.8 白油为流体介质开度 20% 数值模拟结果

通过数值模拟分析后,临界注入比适用于流量控制阀阀孔壁面入流的情况,可以用临界注入比作为界线判断计算油管内流体压力梯度的方法。当流体经过流量控制阀阀孔的流量与油管内主流量之比小于临界注入比 1/3200 时,直接用相邻的两个油管内压力计计算出油管内流体的压力梯度，并且利用公式（3.15）可以直接计算出通过阀孔流体的流量，即产层环空流体的流量。当流体经过流量控制阀阀孔的流量与油管内主流量之比大于临界注入比 1/3200 时，结合单孔眼变质量流理论计算流量控制阀阀孔段油管内流体的压力梯度。

5.2 产层环空与油管内流体压力梯度模型

5.2.1 产层环空内流体压力梯度模型

多层合采智能完井的完井结构与常规井的完井结构不同，智能完井井筒内由穿越式封隔器将各产层分隔成独立的层段，各层段通过一个公共油管相连接。油管，井筒与产层上、下穿越式封隔器构成产层油套环空结构，各产层流体通过井筒射孔孔眼流入井筒环空内，再沿着产层环空流动，经过安装在油管上的流量控制阀的阀孔流入到油管内，然后经过自喷或人工举升将油管内的流体举升到地面，产层环空内流体流动示意图如图 5.9 所示。通过前面对产层环空内流体的流动方式分析，得知产层环空内的流体是沿着井筒质量流量逐渐增加的变质量流动，同时也影响了流动阻力。环空内流体与从射孔孔眼流入流体的混合势必造成能量的损失。层段环空井筒孔眼入流引起的变质量流与无中间油管的井筒孔眼入流引起的变质量流很相似，所以，建立产层环空内流体压降方程为：

$$\Delta p_{aj} = \Delta p_{aj,acc} + \Delta p_{aj,wall} + \Delta p_{aj,g} + \Delta p_{aj,mix} \tag{5.1}$$

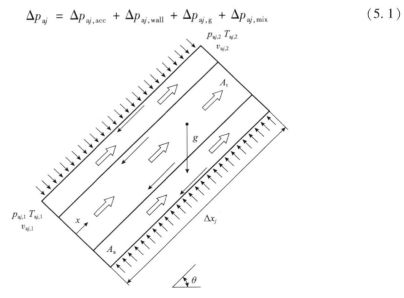

图 5.9 环空微元段单相变质量流流动示意图

单相流射孔完井井筒多孔眼段压力降计算:

$$\Delta p_{aj} = f_{Taj} \frac{\rho_{aj} \bar{v}_{aj}^2}{2(D_{ci} - D_{to})} \Delta x_j + \rho_{aj} g \Delta x_j \sin\theta \tag{5.2}$$

将公式 (5.2) 两边同时除以 Δx_j, 可得产层环空流体压力梯度模型

$$\frac{\mathrm{d}p_{aj}}{\mathrm{d}x_j} = f_{Taj} \frac{\rho_{aj} \bar{v}_{aj}^2}{2(D_{ci} - D_{to})} + \rho_{aj} g \sin\theta \tag{5.3}$$

其中,

$$\rho_{aj} = \rho_{wsj} = \rho_{ICVj} = \left(\frac{x_{wICVj}}{\rho_{waj}} + \frac{1 - x_{wICVj}}{\rho_{oaj}} \right)^{-1} \tag{5.4}$$

$$\bar{v}_{aj} = \frac{4Q_{maj,in}}{\rho_{aj}\pi(D_{ci} - D_{to})^2} + \frac{2\varphi_j \Delta x_j Q_{mwsj}}{\rho_{wsj}\pi d_{ws}^2} \tag{5.5}$$

$$f_{Taj} = a\mathrm{Re}_{aj}^b + C_n 2(D_{ci} - D_{to})\varphi_j \frac{Q_{mwsj}\rho_{aj}}{\rho_{wsj}\bar{Q}_{ma}} \tag{5.6}$$

$$a = 10219.5\varphi_j^{-3.25} \frac{Q_{mwsj}\rho_{aj}}{\rho_{wsj}\bar{Q}_{ma}} - 8.87 \times 10^{-4}\varphi_j^2 + 5.37 \times 10^{-2}\varphi_j - 0.075 \tag{5.7}$$

$$b = (-124090.9\varphi_j^{-3.075} + 42.5)\left(\frac{\varphi_j \Delta x_j Q_{mwsj}\rho_{aj}}{\rho_{wsj}\bar{Q}_{ma}} \right)^2 + 1577.5\varphi_j^{-2.63}$$

$$\frac{\varphi_j \Delta x_j Q_{mwsj}\rho_{aj}}{\rho_{wsj}\bar{Q}_{ma}} - 0.0005\varphi_j^2 + 0.0231\varphi_j + 0.085 \tag{5.8}$$

当 $\frac{Q_{mwsj}\rho_{aj}}{\rho_{wsj}\bar{Q}_{ma}} \leqslant 0.02$ 时, $C_n = 2.3$; 当 $\frac{Q_{mwsj}\rho_{aj}}{\rho_{wsj}\bar{Q}_{ma}} > 0.02$ 时, $C_n = 4.25\left(\frac{Q_{mwsj}\rho_{aj}}{\rho_{wsj}\bar{Q}_{ma}} \right)^{-0.099}$。

根据 Brinkman/Roscoe 混合黏度表达式, 计算油、水两相混合流体黏度:

$$\mu_L = \mu_c(1 - \xi)^{-2.5} \tag{5.9}$$

$$\xi_o = \frac{x_o}{x_o + x_w} \tag{5.10}$$

$$\xi_w = \frac{x_w}{x_o + x_w} \tag{5.11}$$

油水混合流体中, 当含水率低于 40% 时, 油为连续相; 当含水率高于 40% 时, 水为连续相。

5.2.2 产层油管内流体压力梯度模型

将第 $j-1$ 层流量控制阀下游压力测点 $p_{t(j-1),d}$ 至第 j 层流量控制阀下游压力测点 $p_{tj,d}$ 之间的长度分成两部分。假设 $p_{tj,u}$ 是第 j 层流量控制阀上游假想压力测点，其距离阀孔的距离 $l_{tj,u}$ 等于第 j 层流量控制阀下游压力测点 $p_{tj,d}$ 到阀孔的距离 $l_{tj,d}$。第一段是第 j 层流量控制阀上游假想压力测点 $p_{tj,u}$ 至第 j 层流量控制阀下游压力测点 $p_{tj,d}$，为流量控制阀阀孔控制微元段；第二段是第 $j-1$ 层流量控制阀下游压力测点 $p_{t(i-1),d}$ 至第 j 层流量控制阀上游假想压力测点 $p_{tj,u}$，为油管内流体常规流动段，这两测点间距离为 $x_j - l_{tj,u} - l_{tj,d}$。所以，油管内流体压降包括阀孔处流体压降与油管内流体常规流动段压降两部分，其中混合压降主要发生在流量控制阀阀孔微元段。

5.2.2.1 流量控制阀阀孔处流体压降模型

通过前面对流量控制阀阀孔入流情况的数值模拟分析，得知产层环空内流体从阀孔流入油管内的过程与产层中流体从井筒单射孔眼流入井筒内过程相似，阀孔处微元控制体的压降计算可以参考单孔眼压降计算方法。流量控制阀阀孔处微元控制体如图 5.10 所示。

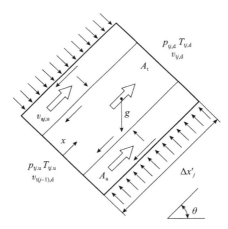

图 5.10　流量控制阀阀孔微元段变质量流动示意图

假设：产层环空内流体流动为一维单相流动，流体为不可压缩牛顿流体，流体与环境之间不存在热传递，流体在流动过程中流体与壁面之间不做功，油管内主流与阀孔入流的流体在阀孔段处迅速混合，各产层的油水两相物性与热力学性质都相同。则阀孔处微元控制体的压降方程为：

$$\Delta p_{tj} = p_{tj,u} - p_{tj,d} = \Delta p_{acctj} + \Delta p_{walltj} + \Delta p_{gtj} + \Delta p_{mixtj} \quad (5.12)$$

其中,

$$\Delta x'_j = l_{tj,u} + l_{tj,d}, l_{tj,u} = l_{tj,d} \tag{5.13}$$

$$\Delta p_{acctj} = \rho_{tj} v^2_{tj,d} - \rho_{t(j-1)} v^2_{t(j-1),d} \tag{5.14}$$

$$\Delta p_{gtj} = \bar{\rho}_{tj} g \Delta x'_j \sin\theta \tag{5.15}$$

$$\Delta p_{walltj} = \frac{1}{2} \rho_{t(j-1)} f_{t,t(j-1)} \frac{l_{tj,u}}{D_{ti}} v_{t(j-1),d} + \frac{1}{2} \rho_{tj} f_{t,tj} \frac{l_{tj,d}}{D_{ti}} v_{tj,d} \tag{5.16}$$

$$\Delta p_{mixtj} = -1953.48 + 1838.47 v_{t(j-1),d} - 432.55 v^2_{t(j-1),d}$$
$$+ 487.08 \frac{v_{ICVj}}{v_{t(j-1),d}} - 37.2858 \left[\frac{v_{ICVj}}{v_{t(j-1),d}}\right]^2 \tag{5.17}$$

根据质量守恒原理,阀孔段出口质量流量等于入口质量流量与阀孔孔眼质量流量之和。

$$Q_{mt(j-1)} + Q_{mICVj} = Q_{mtj} \tag{5.18}$$

即:

$$\rho_{t(j-1)} A_t v_{t(j-1),d} + \rho_{ICVj} A_{ICVj} v_{ICVj} = \rho_{tj} A_t v_{tj,d} \tag{5.19}$$

$$v_{t(j-1),d} = \frac{Q_{mtj} - Q_{mICVj}}{\rho_{t(j-1)} A_t} \tag{5.20}$$

油水两相混合流体密度为:

$$\rho_m = \left(\frac{x_w}{\rho_w} + \frac{1 - x_w}{\rho_o}\right)^{-1} \tag{5.21}$$

将公式(5.21)代入公式(5.20)得

$$v_{t(j-1),d} = A_t^{-1} (Q_{mtj} - Q_{mICVj}) \left[\frac{x_{wt(j-1)}}{\rho_{wt(j-1)}} + \frac{1 - x_{wt(j-1)}}{\rho_{ot(j-1)}}\right] \tag{5.22}$$

将公式(5.20)~公式(5.21)代入公式(5.14)~公式(5.17)得

$$\Delta p_{acctj} = A_t^{-2} \left\{Q^2_{mtj} \rho_{tj}^{-1} - (Q_{mtj} - Q_{mICVj})^2 \left[\frac{x_{wt(j-1)}}{\rho_{wt(j-1)}} + \frac{1 - x_{wt(j-1)}}{\rho_{ot(j-1)}}\right]\right\} \tag{5.23}$$

$$\Delta p_{gtj} = \left\{0.5 \rho_{tj} + 0.5 \left[\frac{x_{wt(j-1)}}{\rho_{wt(j-1)}} + \frac{1 - x_{wt(j-1)}}{\rho_{ot(j-1)}}\right]^{-1}\right\} g(l_{ju} + l_{jd}) \sin\theta \tag{5.24}$$

$$\Delta p_{walltj} = \frac{1}{2} f_{t,t(j-1)} \frac{l_{tj,u}}{D_{ti}} \frac{(Q_{mtj} - Q_{mICVj})}{A_t} + \frac{1}{2} f_{t,tj} \frac{l_{tj,d}}{D_{ti}} \frac{Q_{mtj}}{A_t} \tag{5.25}$$

$$\Delta p_{mixtj} = -1953.48 + 1838.47 A_t^{-1} (Q_{mtj} - Q_{mICVj}) \left[\frac{x_{wt(j-1)}}{\rho_{wt(j-1)}} + \frac{1 - x_{wt(j-1)}}{\rho_{ot(j-1)}}\right]$$
$$- 432.55 \left\{A_t^{-1} (Q_{mtj} - Q_{mICVj}) \left[\frac{x_{wt(j-1)}}{\rho_{wt(j-1)}} + \frac{1 - x_{wt(j-1)}}{\rho_{ot(j-1)}}\right]\right\}^2$$

$$+ 487.08 \frac{A_t Q_{mICVj} \left(\dfrac{x_{wICVj}}{\rho_{wICVj}} + \dfrac{1 - x_{wICV}}{\rho_{oICVj}} \right)}{A_{ICVj} (Q_{mtj} - Q_{mICVj}) \left[\dfrac{x_{wt(j-1)}}{\rho_{wt(j-1)}} + \dfrac{1 - x_{wt(j-1)}}{\rho_{ot(j-1)}} \right]}$$

$$- 37.2858 \left\{ \frac{A_t Q_{mICVj} \left(\dfrac{x_{wICVj}}{\rho_{wICVj}} + \dfrac{1 - x_{wICVj}}{\rho_{oICVj}} \right)}{A_{ICVj} (Q_{mtj} - Q_{mICVj}) \left[\dfrac{x_{wt(j-1)}}{\rho_{wt(j-1)}} + \dfrac{1 - x_{wt(j-1)}}{\rho_{ot(j-1)}} \right]} \right\}^2 \qquad (5.26)$$

将公式（5.23）~公式（5.26）代入公式（5.12）得

$$p_{tj,u} - p_{tj,d} = A_t^{-2} \left\{ Q_{mtj}^2 \rho_{tj}^{-1} - (Q_{mtj} - Q_{mICVj})^2 \left[\frac{x_{wt(j-1)}}{\rho_{wt(j-1)}} + \frac{1 - x_{wt(j-1)}}{\rho_{ot(j-1)}} \right] \right\}$$

$$+ \frac{1}{2} f_{t,t(j-1)} \frac{l_{tj,u}}{D_{ti}} \frac{(Q_{mtj} - Q_{mICVj})}{A_t} + \frac{1}{2} f_{t,tj} \frac{l_{tj,d}}{D_{ti}} \frac{Q_{mtj}}{A_t}$$

$$+ \left\{ 0.5\rho_{tj} + 0.5 \left[\frac{x_{wt(j-1)}}{\rho_{wt(j-1)}} + \frac{1 - x_{wt(j-1)}}{\rho_{ot(j-1)}} \right]^{-1} \right\} g (l_{j,u} + l_{j,d}) \sin\theta$$

$$- 1953.48 + 1838.47 A_t^{-1} (Q_{mtj} - Q_{mICVj}) \left[\frac{x_{wt(j-1)}}{\rho_{wt(j-1)}} + \frac{1 - x_{wt(j-1)}}{\rho_{ot(j-1)}} \right]$$

$$- 432.55 \left\{ A_t^{-1} (Q_{mtj} - Q_{mICVj}) \left[\frac{x_{wt(j-1)}}{\rho_{wt(j-1)}} + \frac{1 - x_{wt(j-1)}}{\rho_{ot(j-1)}} \right] \right\}^2$$

$$+ 487.08 \frac{A_t Q_{mICVj} \left(\dfrac{x_{wICVj}}{\rho_{wICVj}} + \dfrac{1 - x_{wICVj}}{\rho_{oICVj}} \right)}{A_{ICVj} (Q_{mtj} - Q_{mICVj}) \left[\dfrac{x_{wt(j-1)}}{\rho_{wt(j-1)}} + \dfrac{1 - x_{wt(j-1)}}{\rho_{ot(j-1)}} \right]}$$

$$- 37.2858 \left\{ \frac{A_t Q_{mICVj} \left(\dfrac{x_{wICVj}}{\rho_{wICVj}} + \dfrac{1 - x_{wICVj}}{\rho_{oICVj}} \right)}{A_{ICVj} (Q_{mtj} - Q_{mICVj}) \left[\dfrac{x_{wt(j-1)}}{\rho_{wt(j-1)}} + \dfrac{1 - x_{wt(j-1)}}{\rho_{ot(j-1)}} \right]} \right\}^2 \qquad (5.27)$$

5.2.2.2　油管内流体常规流动压降模型

第 $j-1$ 层流量控制阀下游压力测点 $p_{t(j-1),d}$ 至第 j 层流量控制阀上游假想压力测点 $p_{tj,u}$ 之间的流体流动只是在油管内流动，与外界无质量传递属于纯管道流动范畴，采用一般的流体力学理论计算产层油管内常规流体压降。

由于使用流量控制阀主要是要保证产层环空内的流体压力大于泡点压力，因此有 $p_b \leqslant p_{tj,d} < p_{t(j-1),d}$，由于 $p_{tj,d} \leqslant p_{aj,u}$，所以第 j 层环空流体压力 $p_b \leqslant p_{aj,u}$。此时油管

内与环空流体一定都为液相，得油管内流体压降方程如下：

$$\Delta p = \rho g \Delta x_j \sin\theta + f_t \frac{\Delta x_j Q_m^2}{2\rho A^2 D_{ti}} \tag{5.28}$$

根据第 $j-1$ 层流量控制阀下游压力测点 $p_{t(j-1),d}$ 与第 j 层流量控制阀上游假想压力测点 $p_{tj,u}$ 之间的差值与油管内流体质量流量的关系，可得第 $j-1$ 层流量控制阀下游压力测点 $p_{t(j-1),d}$ 至第 j 层流量控制阀上游假想压力测点 $p_{tj,u}$ 的压降为：

$$\Delta p = p_{t(j-1),d} - p_{tj,u} = \left\{ \frac{x_{wt(j-1)}}{\rho_{wt(j-1)}} + \frac{[1 - x_{wt(j-1)}]}{\rho_{ot(j-1)}} \right\}^{-1} g(x_j - l_{j,u} - l_{j,d})\sin\theta$$

$$+ f_t \frac{(x_j - l_{j,u} - l_{j,d})}{2A_t^2 D_{ti}} (Q_{mtj} - Q_{mICVj})^2 \left\{ \frac{x_{wt(j-1)}}{\rho_{wt(j-1)}} + \frac{[1 - x_{wt(j-1)}]}{\rho_{ot(j-1)}} \right\} \tag{5.29}$$

其中，

$$f_t = \begin{cases} \dfrac{64}{Re} & Re < 2000 \text{ 层流} \\[2mm] \dfrac{0.1364}{Re^{0.25}} & 2000 < Re < 59.7/\omega^{8/7} \\[2mm] 0.309\left[\lg(6.8/Re + (\omega/7.4)^{1.11})\right]^{-2} & 59.7/\omega^{8/7} < Re < (665 - 765\lg\omega)/\omega \\[2mm] \left[2\lg(7.4\omega)\right]^{-2} & Re > (665 - 765\lg\omega)/\omega \end{cases} \tag{5.30}$$

5.2.2.3 产层油管内流体压力梯度模型

将公式 (5.29) 与公式 (5.27) 相加并且两边同时除以 x_j，得

$$\frac{dp_{tj}}{dx_j} = \frac{p_{t(j-1),d} - p_{tj,d}}{x_j} = \frac{Q_{mtj}^2 \rho_{tj}^{-1} A_t^{-2}}{x_j} - \frac{1953.48}{x_j} + \left\{ \frac{x_{wt(j-1)}}{\rho_{wt(j-1)}} + \frac{[1 - x_{wt(j-1)}]}{\rho_{ot(j-1)}} \right\}^{-1} g\sin\theta$$

$$+ \frac{1}{2} f_{t,t(j-1)} \frac{l_{tj,u}}{x_j D_{ti}} \frac{(Q_{mtj} - Q_{mICVj})}{A_t} + \frac{1}{2} f_{t,tj} \frac{l_{tj,d}}{x_j D_{ti}} \frac{Q_{mtj}}{A_t}$$

$$+ \left\{ 0.5\rho_{tj} - 0.5\left[\frac{x_{wt(j-1)}}{\rho_{wt(j-1)}} + \frac{1 - x_{wt(j-1)}}{\rho_{ot(j-1)}} \right]^{-1} \right\} \frac{(l_{j,u} + l_{j,d})}{x_j} g\sin\theta$$

$$+ \left\{ 1838.47 A_t^{-1} + \left[f_t \frac{(x_j - l_{j,u} - l_{j,d})}{2A_t^2 D_{ti}} - A_t^{-2} \right] (Q_{mtj} - Q_{mICVj}) \right\} \frac{(Q_{mtj} - Q_{mICVj})}{x_j}$$

$$\left[\frac{x_{wt(j-1)}}{\rho_{wt(j-1)}} + \frac{1 - x_{wt(j-1)}}{\rho_{ot(j-1)}} \right] - \frac{432.55}{x_j} \left\{ A_t^{-1}(Q_{mtj} - Q_{mICVj}) \left[\frac{x_{wt(j-1)}}{\rho_{wt(j-1)}} + \frac{1 - x_{wt(j-1)}}{\rho_{ot(j-1)}} \right] \right\}^2$$

$$
+ \frac{487.08 A_t Q_{mICVj} \left(\dfrac{x_{wICVj}}{\rho_{wICVj}} + \dfrac{1 - x_{wICVj}}{\rho_{oICVj}} \right)}{A_{ICVj} x_j (Q_{mtj} - Q_{mICVj}) \left[\dfrac{x_{wt(j-1)}}{\rho_{wt(j-1)}} + \dfrac{1 - x_{wt(j-1)}}{\rho_{ot(j-1)}} \right]}
$$

$$
- \frac{37.2858}{x_j} \left\{ \frac{A_t Q_{mICVj} \left(\dfrac{x_{wICVj}}{\rho_{wICVj}} + \dfrac{1 - x_{wICVj}}{\rho_{oICVj}} \right)}{A_{ICVj} (Q_{mtj} - Q_{mICVj}) \left[\dfrac{x_{wt(j-1)}}{\rho_{wt(j-1)}} + \dfrac{1 - x_{wt(j-1)}}{\rho_{ot(j-1)}} \right]} \right\}^2 \tag{5.31}
$$

通过数值模拟分析出产层环空与油管内流体的流动方式，确定产层环空与油管内流体压力梯度计算模型，并且界定流量控制阀阀孔流量与油管内主流流量的临界比值。结合变质量流理论推导出环空内流体产量与环空内流体压力梯度的关系和油管内流体产量与油管内流体压力梯度的关系，建立智能完井的实时压力监测数据解释模型。

6 井下温度监测数据解释分析

从图 5.2 可以看出,产层环空内流体的流动对油管内的流体具有对流换热与热传导双重热作用。从图 5.3 可以看出,进入套管内的流体沿套管向流量控制阀阀孔处流动,整个流动过程中,套管内的流体与产层通过对流换热与热传导进行热量交换。

假设条件:

(1) 各相在相同位置具有相同的压力和温度;

(2) 井筒内流体与热流量处于稳定状态;

(3) 流体与油藏岩石处于温度平衡;

(4) 已知各层流体热力学性质和物理性质;

(5) 圆形均质的油藏,油井位于油藏中心;

(6) 岩石是不可压缩的;

(7) 流体不存在相变;

(8) 油藏流体与油藏岩石的温度相同;

(9) 相对于总井长各产层长度很短;

(10) 油藏内流体在 x 方向无流动。

6.1 智能完井产层段能量传递分析

以中间某产层为例分析能量传导过程,由于流量控制阀安装在各产层采油管柱的上端,当产层流体流入到层段油套环空内,再通过流量控制阀阀孔径向流入到油管内,油管内的流体通过自喷到地面或抽油泵抽吸到地面,这个过程中引起产层环空内流体从层段底部向上部流动,油管内流体沿油管向上流动。在这个流动过程中,除了产层流入的流体本身具有的内能,产层环空与油管内流体的流动引起油管内流体与产层环空内流体之间、产层环空内流体与产层之间的对流热量交换。另外,油管内流体与产层环空内流体之间、产层环空内流体与产层流体之间存在温度

97

差，因此它们之间还存在传热作用。在整个能量传递过程中，流体遵循质量与能量守恒定律，产层的能量传递过程如图6.1所示。

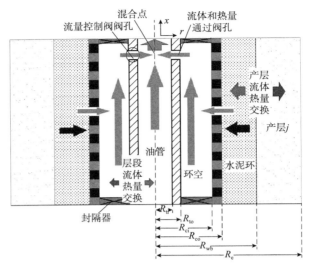

图6.1　智能完井产层能量传递过程

6.2　油藏流体温度模型

6.2.1　流体质量守恒方程

流体从产层流入到产层环空内，再流入到产层油管内，在整个流动过程中流体的总质量不变。根据质量守恒方程，得层段油套环空流体质量守恒方程为：

$$\mathrm{d}Q_{\mathrm{maj}} = Q_{\mathrm{maj,out}} - Q_{\mathrm{maj,in}} = Q_{\mathrm{mlj}} \tag{6.1}$$

其中，

$$Q_{\mathrm{maj}} = \pi \left(R_{\mathrm{ci}}^2 - R_{\mathrm{to}}^2 \right) \sum_i \rho_{\mathrm{aj},i} v_{\mathrm{aj},i} y_{\mathrm{aj},i} \tag{6.2}$$

$$Q_{\mathrm{mlj}} = 2\pi R_{\mathrm{ci}} \vartheta_j \mathrm{d}x_j \sum_i \rho_{\mathrm{lj},i} v_{\mathrm{lj},i} y_{\mathrm{lj},i} = \varphi_j \Delta x_j Q_{\mathrm{mwsj}} \tag{6.3}$$

得油管内流体质量守恒方程：

$$\mathrm{d}Q_{\mathrm{mtj}} = Q_{\mathrm{mICVj}} \tag{6.4}$$

其中，

$$Q_{\mathrm{mICVj}} = A_{\mathrm{ICVj}} \sum_i \rho_{\mathrm{aj},i} v_{\mathrm{ICVj},i} y_{\mathrm{aj},i} \tag{6.5}$$

$$Q_{\mathrm{mtj}} = \pi R_{\mathrm{ti}}^2 \sum_i \rho_{\mathrm{tj},i} v_{\mathrm{tj},i} y_{\mathrm{tj},i} = \sum_1^j Q_{\mathrm{mlj}} = 2\pi R_{\mathrm{ci}} \sum_1^j \left(\vartheta_j \mathrm{d}x_j \sum_i \rho_{\mathrm{lj},i} v_{\mathrm{lj},i} y_{\mathrm{lj},i} \right) \tag{6.6}$$

6.2.2 油藏流体温度计算模型

当油藏中流体连续稳定流动，流体在油藏中渗流的速度和速度变化量都很小，因此忽略油藏中流体的动能变化量，则油藏中流体的能量守恒方程修改为：

$$\frac{\partial}{\partial t}(\rho_j \varepsilon_j) + \nabla \cdot \left(\sum_i \rho_{j,i} \overline{v_{j,i}} h_{j,i}\right) - \nabla \cdot (\lambda_{fj} \nabla T_j) - \sum_i \rho_{j,i} \overline{v_{j,i}} g = 0 \qquad (6.7)$$

单位油藏体积内的能量是流体内能与岩石内能的总和，表达式如下：

$$\rho_j \varepsilon_j = \phi \sum_i [\rho_{j,i} \varepsilon_{j,i} + (1 - \phi_j) \rho_{j,s} \varepsilon_{j,s}] \qquad (6.8)$$

将公式（6.8）代入公式（6.7）中得：

$$\frac{\partial}{\partial t}\left(\phi \sum_i [\rho_{j,i} \varepsilon_{j,i} + (1 - \phi_j) \rho_{j,s} \varepsilon_{j,s}]\right) + \nabla \cdot \left(\sum_i \rho_{j,i} \overline{v_{j,i}} h_{j,i}\right)$$
$$- \nabla \cdot (\lambda_{fj} \nabla T_j) - \sum_i \rho_{j,i} \overline{v_{j,i}} g = 0 \qquad (6.9)$$

根据焓与内能的关系式修改为：

$$\rho h = \rho u + p \qquad (6.10)$$

根据麦克斯韦关系式与体积膨胀系数公式[104-105]得出焓变形后的关系式：

$$dh = \left(\frac{\partial h}{\partial T}\right)_p dT + \left(\frac{\partial h}{\partial p}\right)_T dp = c_p dT + \left(\frac{1}{\rho} - \frac{\beta T}{\rho}\right) dp \qquad (6.11)$$

根据质量守恒定律，可以得到油藏中流体渗流的连续方程为[106]：

$$- \nabla \cdot (\rho_i v_i) = \frac{\partial}{\partial t}(\phi \rho_i s_i) \qquad (6.12)$$

根据我们的假设，油藏是均质不可压缩的，油藏中的流体流动与热流量都是处于稳定状态，流体无相变，流体温度与油藏岩石温度相同，则将公式（6.10）~（6.12）代入公式（6.9）得：

$$\left(\rho_{rj} c_{pj,r}(1 - \phi_j) + \phi_j \sum_i \rho_{j,i} c_{pj,i} s_{j,i}\right) \frac{\partial T_{fj}}{\partial t} - \phi_j T_{fj} \sum_i \beta_{j,i} s_{j,i} \frac{\partial p_{j,i}}{\partial t}$$
$$- \lambda_{fj} \nabla^2 T_{fj} + \sum_i \overline{v}_{j,i} [\rho_{j,i} c_{pj,i} \nabla T_{fj} + (1 - \beta_{j,i} T_{fj}) \nabla p_{j,i} - \rho_{j,i} g \nabla D] = 0 \qquad (6.13)$$

由于油藏每一口井的附近渗流近似为平面径向流，如图6.1所示，所以将公式（6.13）变换为径向流表达式：

$$\sum_i [\rho_{j,li} c_{pj,li} v_{j,li}(r)] \frac{\partial T_{fj}}{\partial r} + \sum_i [(1 - \beta_{j,li} T_{fj}) v_{j,li}(r)] \frac{\partial p_{fj}}{\partial r} - \lambda_{fj} \frac{1}{r} \frac{\partial}{\partial r}\left(r \frac{\partial T_{fj}}{\partial r}\right) = 0$$

$$(6.14)$$

公式（6.14）通解为：

$$T_{1j} = T_{fj} = C_{j1} r^{m_{j+}} + C_{j2} r^{m_{j-}} + Z_j \qquad (6.15)$$

其中

$$m_{j\pm} = \frac{Q_{mj,1} c_{pj,1} \pm \sqrt{4\lambda_{fj} \sum_i \left(\dfrac{\beta_{j,1i} q_{j,1i}^2 \mu_{j,1i}}{k_{j,i}} \right) + \left(\sum_i \rho_{j,1i} c_{pj,1i} q_{j,1i} \right)^2}}{4\pi\lambda_{fj} H_j} \qquad (6.16)$$

$$Z_j = \frac{\sum_i \left(q_{j,1i}^2 \mu_{j,1i} / k_{j,i} \right)}{\sum_i \left(\beta_{j,1i} q_{j,1i}^2 \mu_{j,1i} / k_{j,i} \right)} \qquad (6.17)$$

根据初始边界条件：假设油藏外部边界温度不随着时间改变，且井筒内的热传递是稳定的，即

$$T_{fj} \Big|_{extb} = T_{ej} \qquad (6.18)$$

$$\lambda_{fj} \frac{\mathrm{d}T_{fj}}{\mathrm{d}r} \Big|_{r = R_{wb}} = U_{wbf} \left(T_{fj} \Big|_{r = R_{wb}} - T_{ej} \right) \qquad (6.19)$$

根据达西定律公式，得出各相速度：

$$v_i \ (r) = -\frac{k_i}{\mu_i} \frac{\mathrm{d}p_i}{\mathrm{d}r} \qquad (6.20)$$

将公式（6.18）~公式（6.20）代入通解公式（6.15）中，得：

$$C_{j1} = \frac{(T_{ej} - Z_j) \ R_{wb}^{m_{j-}} \ (\lambda_{fj} m_{j-} - R_{ci} U_{awb}) - R_e^{m_{j-}} R_{ci} U_{awb} \ (Z_j - T_{aj})}{R_e^{m_{j-}} R_{wb}^{m_{j+}} \ (\lambda_{fj} m_{j+} - R_{ci} U_{awb}) - R_e^{m_{j+}} R_{wb}^{m_{j-}} \ (\lambda_{fj} m_{j-} - R_{ci} U_{awb})} \qquad (6.21)$$

$$C_{j2} = \frac{R_e^{m_{j+}} R_{ci} U_{awb} \ (Z_j - T_{aj}) - R_{wb}^{m_{j+}} \ (T_{ej} - Z_j) \ (\lambda_{fj} m_{j+} - R_{ci} U_{awb})}{R_e^{m_{j-}} R_{wb}^{m_{j+}} \ (\lambda_{fj} m_{j+} - R_{ci} U_{awb}) - R_e^{m_{j+}} R_{wb}^{m_{j-}} \ (\lambda_{fj} m_{j-} - R_{ci} U_{awb})} \qquad (6.22)$$

将公式（6.16）~公式（6.22）代入公式（6.15）即可以计算出产层岩体与流体的温度。

6.2.3 井筒综合传热系数

6.2.3.1 对流换热系数

产层环空内流体与油管内流体都处于流动状态，因此产层环空内流体与油管内流体都存在对流换热的状况。

（1）产层环空与油管内流体自由对流换热系数

当油井自喷生产时，油藏中的流体经过套管孔眼流入到油套环空内，再经过阀

孔径向流入到油管内，最后到达地面。整个流体的流动过程都是通过油藏的自身能量驱动完成的，油套环空与油管内的流体通过壁面换热，属于自由对流换热。

对于牛顿流体，根据受限空间内对流换热关系式与油套环空的水力相当直径的定义式，得出层段油套环空内流体的自由对流换热系数为：

$$\gamma_a = \frac{\lambda_c}{2(R_{ci} - R_{to})}\left[0.2 + 0.145\left(\frac{R_{ci} - R_{to}}{2R_{to}}\right)Gr\right]^{0.25}\exp\left(-0.01\frac{R_{ci} - R_{to}}{R_{to}}\right) \quad (6.23)$$

同理，得层段油管内流体的自由对流换热系数为：

$$\gamma_t = \frac{0.195Gr^{1/4}\lambda_t}{2R_{ti}} \quad (6.24)$$

其中

$$Gr = \frac{D^3 g\rho^2 \beta \Delta T}{\mu^2} \quad (6.25)$$

（2）产层环空与油管内流体强制对流换热系数

黏性流体在管道内的流态主要分为层流与湍流两种，流态不同则管道内流体与壁面的换热方式也不同。对于牛顿流体，管道中流体的流态主要根据雷诺数 Re 的大小来判别，当 $Re < 2000$ 时，流动为层流；当 $Re \geqslant 2000$ 时，流动为湍流。雷诺数的定义式为：

$$Re_a = \rho_a v_a (D_{ci} - D_{to})/\mu_a \quad (6.26)$$

$$Re_t = \rho_t v_t D_{ti}/\mu_t \quad (6.27)$$

产层油管内流体的流态除了与流体密度、黏度、流速、油管管径有关外，还受到流量控制阀阀孔入流的影响。根据前面对阀孔入流的分析可知，当环空内流体通过阀孔的流量与油管内主流体流量之比大于临界值时，油管内主流受到阀孔入流扰动强烈，在阀孔附近出现涡旋，油管内混合后的流体为湍流状态；当环空内流体通过阀孔的流量与油管内主流体流量之比小于临界值时，阀孔入流对油管主流的扰动几乎没有，可以认为此时油管内混合流体的流态仍然处于油管内主流体混合前的流态。

当油藏能量降低，油井不能自喷生产，需要进行人工举升时，油藏中的流体到地面的过程中，油套环空与油管内的流体通过壁面的换热属于强制对流换热。根据努谢尔特数（Nusselt number）计算出层流时的流体强制对流换热系数：

$$\gamma = \frac{\lambda}{D}\left[3.66 + \frac{0.0688RePrD/x}{1 + 0.04(RePrD/x)^{2/3}}\right] \quad (6.28)$$

根据麦克亚当斯的经验式计算出湍流时的流体对流换热系数：

$$\gamma = 0.023Re^{0.8}Pr^{1/3}\lambda/D \quad (6.29)$$

其中

$$Pr = c_p \mu / \lambda \tag{6.30}$$

6.2.3.2 油管内流体与产层流体之间综合传热系数

产层油管内流体、产层环空内流体和产层内流体三者之间存在热量传递，油管内流体与产层环空内流体通过油管壁进行传热，产层环空内流体与产层内流体通过套管壁与水泥环壁进行传热。假设油管壁、套管壁与水泥环都是均质的，且传热与导热皆为稳态。由于油管内流体与产层环空内流体之间除了通过油管壁进行传热，还进行对流换热，因此，由傅里叶导热定律方程结合圆筒内壁传热系数方程得到油管内流体与产层环空内流体之间的综合传热系数为：

$$U_{ta} = \cfrac{1}{\cfrac{1}{\gamma_t} + \cfrac{R_{ti}}{\lambda_t}\ln\left(\cfrac{R_{to}}{R_{ti}}\right) + \cfrac{R_{ti}}{R_{to}\gamma_a}} \tag{6.31}$$

产层流体的热量经过水泥环与套管壁传导至产层环空内流体上，根据热阻叠加原理可得到产层环空内流体与产层内流体之间的综合传热系数为：

$$U_{af} = \cfrac{1}{\cfrac{1}{\gamma_a} + \cfrac{R_{ci}}{\lambda_c}\ln\left(\cfrac{R_{co}}{R_{ci}}\right) + \cfrac{R_{ci}}{\lambda_{cement}}\ln\left(\cfrac{R_{wb}}{R_{co}}\right) + \cfrac{R_{cj}}{R_{wb}\gamma_{wb}}} \tag{6.32}$$

6.3　产层环空与油管内流体温度梯度模型

取第 j 层段控制单元进行分析，如图 6.2 所示。由第 j 层段控制单元结合 Hasan 和 Kabir 的常规井环空与油管流体温度预测模型建立层段油套环空与层段油管内流体温度梯度模型。

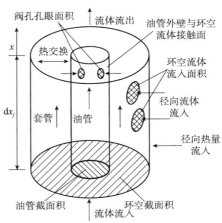

图 6.2　第 j 层段控制单元

6.3.1　产层环空内流体温度梯度模型

假设各产层流体都是稳定流动，根据能量守恒方程建立产层油套环空内流体能量守恒方程：

$$\int_V \frac{\partial}{\partial t}\left(h_{aj} + \frac{\bar{v}_{aj}^2}{2}\right)\mathrm{d}V = \int_\tau \left(h_{lj} + \frac{v_{lj}^2}{2}\right)\rho_{lj}v_{lj}\vartheta_j \mathrm{d}\tau + \int_V \rho_{aj}g\bar{v}_{aj}\mathrm{d}V +$$

$$\int_\tau (1 - \vartheta_j)Q_{j,af}\mathrm{d}\tau + \int_\tau Q_{j,ta}\mathrm{d}\tau \tag{6.33}$$

由于环空流体可能为油单相或油水两相，因此将层段油套环空流体能量守恒方程公式（6.33）修改为相的形式：

$$(R_{ci}^2 - R_{to}^2)\sum_i \mathrm{d}\left[\left(h_{aj,i} + \frac{v_{aj,i}^2}{2}\right)\rho_{aj,i}v_{aj,i}y_{aj,i}\right] = 2R_{cj}\vartheta_j\mathrm{d}x_j\sum_i\left[\left(h_{lj,i} + \frac{v_{lj,i}^2}{2}\right)\rho_{lj,i}v_{lj,i}y_{lj,i}\right]$$

$$+ (R_{ci}^2 - R_{to}^2)g\mathrm{d}x_j\sum_i \rho_{aj,i}v_{aj,i}y_{aj,i} - 2R_{ci}(1 - \vartheta_j)U_{af}(T_{aj} - T_{fj})\mathrm{d}x_j$$

$$- 2R_{to}(1 - \psi_j)U_{at}(T_{aj} - T_{tj})\mathrm{d}x_j \tag{6.34}$$

将公式（6.1）~公式（6.3）代入公式（6.34）得：

$$\sum_i \mathrm{d}\left[\left(h_{aj,i} + \frac{v_{aj,i}^2}{2}\right)Q_{maj,i}\right] = \sum_i\left[\left(h_{lj,i} + \frac{v_{lj,i}^2}{2}\right)Q_{mlj,i}\right] + Q_{maj}g\mathrm{d}x_j$$

$$- 2\pi R_{ci}(1 - \vartheta_j)U_{af}(T_{aj} - T_{fj})\mathrm{d}x_j - 2\pi R_{to}(1 - \psi_j)U_{at}(T_{aj} - T_{tj})\mathrm{d}x_j \tag{6.35}$$

其中，

$$\psi_j = \frac{A_{ICVj}}{2\pi R_{to}\mathrm{d}x_j} \tag{6.36}$$

根据焦耳汤姆逊系数定义有

$$\mu_J = -\frac{1}{c_p}\left(\frac{\partial h}{\partial p}\right)_T \tag{6.37}$$

将公式（6.1）与公式（6.37）代入公式（6.35）中左边得：

$$\sum_i \mathrm{d}\left[\left(h_{aj,i} + \frac{v_{aj,i}^2}{2}\right)Q_{maj,i}\right] = \sum_i\left[\left(h_{aj,i} + \frac{v_{aj,i}^2}{2}\right)\mathrm{d}Q_{maj,i} + Q_{maj,i}\mathrm{d}\left(h_{aj,i} + \frac{v_{aj,i}^2}{2}\right)\right]$$

$$= \sum_i Q_{maj,i}v_{aj,i}\mathrm{d}v_{aj,i} + \sum_i\left[\left(h_{aj,i} + \frac{v_{aj,i}^2}{2}\right)Q_{mlj,i} + Q_{maj,i}\left(\frac{\partial h_{aj,i}}{\partial T_{aj}}\bigg|_p \mathrm{d}T_{aj} + \frac{\partial h_{aj,i}}{\partial p_{aj}}\bigg|_T \mathrm{d}p_{aj}\right)\right]$$

$$= \sum_i\left\{\left(h_{aj,i} + \frac{v_{aj,i}^2}{2}\right)Q_{mlj,i} + Q_{maj,i}\left[v_{aj,i}\mathrm{d}v_{aj,i} + (c_{paj,i}\mathrm{d}T_{aj} - c_{paj,i}\mu_{Jaj,i}\mathrm{d}p_{aj})\right]\right\} \tag{6.38}$$

当流体处于稳定流动状态时，则流体从地层流入到层段环空的焓差为：

$$h_{lj,i} - h_{aj,i} = c_{paj,i} \ (T_{lj} - T_{aj}) \tag{6.39}$$

将公式（6.38）、公式（6.39）与公式（6.35）联立，得：

$$
\begin{aligned}
\mathrm{d}T_{aj} \sum_i \ (Q_{maj,i} c_{paj,i}) \ &= \mathrm{d}T_{aj} Q_{maj} \ [x_{waj} c_{paj,w} + (1 - x_{waj}) \ c_{paj,o}] = \\
&-2\pi R_{ci} \ (1 - \vartheta_j) \ U_{af} \ (T_{aj} - T_{fj}) \ \mathrm{d}x_j - 2\pi R_{to} U_{at} \ (T_{aj} - T_{tj}) \ \mathrm{d}x_j \\
&+ \sum_i Q_{mlj,i} \left[c_{paj,i} \ (T_{lj} - T_{aj}) + \frac{v_{lj,i}^2 - v_{aj,i}^2}{2} \right] \\
&+ \sum_i Q_{maj,i} \ (g\mathrm{d}x_j - v_{aj,i}\mathrm{d}v_{aj,i} + c_{paj,i}\mu_{Jaj,i}\mathrm{d}p_{aj})
\end{aligned}
\tag{6.40}
$$

两边同时除以 $\mathrm{d}x_j$ 得：

$$
\begin{aligned}
\frac{\mathrm{d}T_{aj}}{\mathrm{d}x_j} Q_{maj} \ [x_{waj} c_{paj,w} + (1 - x_{waj}) \ c_{paj,o}] &= -2\pi R_{ci} \ (1 - \vartheta_j) \ U_{af} \ (T_{aj} - T_{fj}) \\
&-2\pi R_{to} U_{at} \ (T_{aj} - T_{tj}) + \frac{1}{\mathrm{d}x_j} \sum_i Q_{mlj,i} \left[c_{paj,i} \ (T_{lj} - T_{aj}) + \frac{v_{lj,i}^2 - v_{aj,i}^2}{2} \right] \\
&+ \sum_i Q_{maj,i} \left(g - v_{aj,i} \frac{\mathrm{d}v_{aj,i}}{\mathrm{d}x_j} + c_{paj,i}\mu_{Jaj,i} \frac{\mathrm{d}p_{aj}}{\mathrm{d}x_j} \right)
\end{aligned}
\tag{6.41}
$$

忽略动力项得产层环空内流体温度梯度模型：

$$
\begin{aligned}
\frac{\mathrm{d}T_{aj}}{\mathrm{d}x_j} =& \frac{2\pi \ [R_{ci} \ (1 - \vartheta_j) \ U_{af} \ (T_{fj} - T_{aj}) - R_{to} U_{at} \ (T_{aj} - T_{tj})]}{Q_{maj} \ [x_{waj} c_{paj,w} + (1 - x_{waj}) \ c_{paj,o}]} \\
&+ \frac{(T_{lj} - T_{aj}) \ Q_{mlj} \ [x_{wlj} c_{paj,w} + (1 - x_{wlj}) \ c_{paj,o}]}{\mathrm{d}x_j Q_{maj} \ [x_{waj} c_{paj,w} + (1 - x_{waj}) \ c_{paj,o}]} \\
&+ \frac{g}{[x_{waj} c_{paj,w} + (1 - x_{waj}) \ c_{paj,o}]} \\
&+ \frac{[x_{waj} c_{paj,w}\mu_{Jaj,w} + c_{paj,o} \ (1 - x_{waj})] \mathrm{d}p_{aj}}{[x_{waj} c_{paj,w} + (1 - x_{waj}) \ c_{paj,o}] \ \mathrm{d}x_j}
\end{aligned}
\tag{6.42}
$$

由于产层环空内流体与阀孔内流体为同一流体，所以将 $x_{wICVj} = x_{waj}$ 代入公式（6.42）得：

$$
\begin{aligned}
\frac{\mathrm{d}T_{aj}}{\mathrm{d}x_j} =& \frac{2\pi \ [R_{ci} \ (1 - \vartheta_j) \ U_{af} \ (T_{fj} - T_{aj}) - R_{to} U_{at} \ (T_{aj} - T_{tj})]}{Q_{maj} \ [x_{wICVj} c_{paj,w} + (1 - x_{wICVj}) \ c_{paj,o}]} \\
&+ \frac{g}{[x_{wICVj} c_{paj,w} + (1 - x_{wICVj}) \ c_{paj,o}]} \\
&+ \frac{(T_{lj} - T_{aj}) \ Q_{mlj}}{\mathrm{d}x_j Q_{maj}} + \frac{x_{wICVj} c_{paj,w}\mu_{Jaj,w} + (1 - x_{wICVj}) \ c_{paj,o}\mu_{Jaj,o}}{[x_{wICVj} c_{paj,w} + (1 - x_{wICVj}) \ c_{paj,o}]} \frac{\mathrm{d}p_{aj}}{\mathrm{d}x_j}
\end{aligned}
\tag{6.43}
$$

6.3.2 产层油管内流体温度梯度模型

假设各产层流体都是稳定流动，根据能量守恒方程建立产层油管内流体能量守恒方程：

$$\int_V \frac{\partial}{\partial t}\Big[h_{t(j-1)} + \frac{\overline{v}^2_{t(j-1)}}{2}\Big]\mathrm{d}V = \int_\tau \Big(h_{ICVj} + \frac{v^2_{ICVj}}{2}\Big)\rho_{ICVj} v_{ICVj}\psi_j\mathrm{d}\tau$$

$$+ \int_V \rho_{t(j-1)}g\,\overline{v}_{t(j-1)}\mathrm{d}V + \int_\tau Q_{j,ta}\mathrm{d}\tau \tag{6.44}$$

将产层油管内流体能量守恒方程公式（6.44）修改为相的形式：

$$R_{ti}^2 \sum_i \mathrm{d}\Big\{\Big[h_{t(j-1),i} + \frac{v^2_{t(j-1),i}}{2}\Big]\rho_{t(j-1),i} v_{t(j-1),i} y_{t(j-1),i}\Big\}$$

$$= A_{ICVj} \sum_i \Big[\Big(h_{ICVj,i} + \frac{v^2_{ICVj,i}}{2}\Big)\rho_{ICVj,i} v_{ICVj,i} y_{ICVj,i}\Big] \tag{6.45}$$

$$+ R_{ti}^2 g\mathrm{d}x_j \sum_i \rho_{t(j-1),i} v_{t(j-1),i} y_{t(j-1),i} + 2R_{to}\ (1-\psi_j)\ U_{at}\ (T_{aj}-T_{tj})\ \mathrm{d}x_j$$

将公式（6.4）~公式（6.6）代入公式（6.45）得：

$$\sum_i \mathrm{d}\Big\{\Big[h_{t(j-1),i} + \frac{v^2_{t(j-1),i}}{2}\Big]Q_{mt(j-1),i}\Big\} = \sum_i \Big[\Big(h_{ICVj,i} + \frac{v^2_{ICVj,i}}{2}\Big)Q_{mICVj,i}\Big]$$

$$+ Q_{mt(j-1)}g\mathrm{d}x_j + 2\pi R_{to}\ (1-\psi_j)\ U_{at}\ (T_{aj}-T_{tj})\ \mathrm{d}x_j \tag{6.46}$$

将公式（6.4）与公式（6.37）代入公式（6.46）中左边得：

$$\sum_i \mathrm{d}\Big\{\Big[h_{t(j-1),i} + \frac{v^2_{t(j-1),i}}{2}\Big]Q_{mt(j-1),i}\Big\} = \sum_i \Big\{\Big[h_{t(j-1),i} + \frac{v^2_{t(j-1),i}}{2}\Big]\mathrm{d}Q_{mt(j-1),i}$$

$$+ Q_{mt(j-1),i}\mathrm{d}\Big[h_{t(j-1),i} + \frac{v^2_{t(j-1),i}}{2}\Big]\Big\} = \sum_i Q_{mt(j-1),i} v_{t(j-1),i}\mathrm{d}v_{t(j-1),i}$$

$$+ \sum_i \Big\{\Big[h_{t(j-1),i} + \frac{v^2_{t(j-1),i}}{2}\Big]Q_{mICVj,i} + Q_{mt(j-1),i}\Big[\frac{\partial h_{t(j-1),i}}{\partial T_{tj}}\Big|_p \mathrm{d}T_{tj} + \frac{\partial h_{t(j-1),i}}{\partial p_{tj}}\Big|_T \mathrm{d}p_{tj}\Big]\Big\}$$

$$= \sum_i \Big\{\Big[h_{t(j-1),i} + \frac{v^2_{t(j-1),i}}{2}\Big]Q_{mICVj,i} + Q_{mt(j-1),i}\ [v_{t(j-1),i}\mathrm{d}v_{t(j-1),i}$$

$$+ (c_{pt(j-1),i}\mathrm{d}T_{t(j-1)} - c_{pt(j-1),i}\mu_{JICVj,i}\mathrm{d}p_{tj})\ ]\Big\} \tag{6.47}$$

当流体处于稳定流动状态时，流体从层段油套环空经过流量控制阀阀孔流入到油管内的焓差为：

$$h_{\text{ICV}j,i} - h_{\text{t}(j-1),i} = c_{\text{pt}(j-1),i} \ (T_{\text{a}j} - T_{\text{t}j}) \tag{6.48}$$

将公式（6.47）、公式（6.48）与公式（6.46）联立，得：

$$\begin{aligned}
\mathrm{d}T_{\text{t}(j-1)} \sum_i Q_{\text{mt}(j-1),i} c_{\text{pt}(j-1),i} &= \mathrm{d}T_{\text{t}(j-1)} Q_{\text{mt}(j-1)} \left[x_{\text{gt}(j-1)} c_{\text{pt}(j-1),\text{g}} + x_{\text{wt}(j-1)} c_{\text{pt}(j-1),\text{w}} \right. \\
&\left. + x_{\text{ot}(j-1)} c_{\text{pt}(j-1),\text{o}} \right] = 2\pi R_{\text{to}} \ (1-\psi_j) \ U_{\text{at}} \ (T_{\text{a}j} - T_{\text{t}j}) \ \mathrm{d}x_j + Q_{\text{mt}(j-1)} g \mathrm{d}x_j \\
&+ \sum_i \left\{ Q_{\text{mICV}j,i} \left[c_{\text{pt}(j-1),i} \ (T_{\text{a}j} - T_{\text{t}j}) + \frac{v_{\text{ICV}j,i}^2 - v_{\text{t}(j-1),i}^2}{2} \right] \right\} \\
&- \sum_i \left[Q_{\text{mt}(j-1),i} v_{\text{t}(j-1),i} \mathrm{d}v_{\text{t}(j-1),i} - Q_{\text{mt}(j-1),i} c_{\text{pt}(j-1),i} \mu_{\text{JICV}j,i} \mathrm{d}p_{\text{t}j} \right]
\end{aligned} \tag{6.49}$$

两边同时除以 $\mathrm{d}x_j$ 得：

$$\begin{aligned}
\frac{\mathrm{d}T_{\text{t}(j-1)}}{\mathrm{d}x_j} Q_{\text{mt}(j-1)} &\left\{ x_{\text{wt}(j-1)} c_{\text{pt}(j-1),\text{w}} + \left[1 - x_{\text{wt}(j-1)} \right] c_{\text{pt}(j-1),\text{o}} \right\} = 2\pi R_{\text{to}} \ (1-\psi_j) \ U_{\text{at}} \ (T_{\text{a}j} - T_{\text{t}j}) \\
&+ Q_{\text{mt}(j-1)} g + \frac{1}{\mathrm{d}x_j} \sum_i \left\{ Q_{\text{mICV}j,i} \left[c_{\text{pt}(j-1),i} \ (T_{\text{a}j} - T_{\text{t}j}) + \frac{v_{\text{ICV}j,i}^2 - v_{\text{t}(j-1),i}^2}{2} \right] \right\} \\
&- \sum_i Q_{\text{mt}(j-1),i} \left[\frac{v_{\text{t}(j-1),i} \mathrm{d}v_{\text{t}(j-1),i}}{\mathrm{d}x_j} - c_{\text{pt}(j-1),i} \mu_{\text{JICV}j,i} \frac{\mathrm{d}p_{\text{t}j}}{\mathrm{d}x_j} \right]
\end{aligned} \tag{6.50}$$

忽略动力项得产层油管内流体温度梯度模型：

$$\begin{aligned}
\frac{\mathrm{d}T_{\text{t}(j-1)}}{\mathrm{d}x_j} &= \frac{2\pi R_{\text{to}} \ (1-\psi_j) \ U_{\text{at}} \ (T_{\text{a}j} - T_{\text{t}j})}{Q_{\text{mt}(j-1)} \ \left\{ x_{\text{wt}(j-1)} c_{\text{pt}(j-1),\text{w}} + \left[1 - x_{\text{wt}(j-1)} \right] c_{\text{pt}(j-1),\text{o}} \right\}} \\
&+ \frac{g}{x_{\text{wt}(j-1)} c_{\text{pt}(j-1),\text{w}} + (1 - x_{\text{wt}(j-1)}) \ c_{\text{pt}(j-1),\text{o}}} \\
&+ \frac{(T_{\text{a}j} - T_{\text{t}j}) \ Q_{\text{mICV}j} \left[x_{\text{gICV}j} c_{\text{pt}(j-1),\text{g}} + x_{\text{wICV}j} c_{\text{pt}(j-1),\text{w}} + x_{\text{oICV}j} c_{\text{pt}(j-1),\text{o}} \right]}{\mathrm{d}x_j Q_{\text{mt}(j-1)} \ \left\{ x_{\text{wt}(j-1)} c_{\text{pt}(j-1),\text{w}} + \left[1 - x_{\text{wt}(j-1)} \right] c_{\text{pt}(j-1),\text{o}} \right\}} \\
&+ \frac{x_{\text{wt}(j-1)} c_{\text{pt}(j-1),\text{w}} \mu_{\text{JICV}j,\text{w}} + \left[1 - x_{\text{wt}(j-1)} \right] c_{\text{pt}(j-1),\text{o}} \mu_{\text{JICV}j,\text{o}}}{x_{\text{wt}(j-1)} c_{\text{pt}(j-1),\text{w}} + \left[1 - x_{\text{wt}(j-1)} \right] c_{\text{pt}(j-1),\text{o}}} \frac{\mathrm{d}p_{\text{t}j}}{\mathrm{d}x_j}
\end{aligned} \tag{6.51}$$

同理，推导出产层 1 套管内流体温度梯度通用模型：

$$\begin{aligned}
\frac{\mathrm{d}T_{\text{a}1}}{\mathrm{d}x_1} &= \frac{2\pi R_{\text{ci}} \ (1-\vartheta_1) \ U_{\text{af}} \ (T_{\text{f}1} - T_{\text{a}1})}{Q_{\text{ma}1} \left[x_{\text{wICV}1} c_{\text{pa}1,\text{w}} + (1 - x_{\text{wICV}1}) \ c_{\text{pa}1,\text{o}} \right]} + \frac{(T_{\text{L}1} - T_{\text{a}1})}{\mathrm{d}x_1} \\
&- \frac{g}{\left[x_{\text{wICV}1} c_{\text{pa}1,\text{w}} + (1 - x_{\text{wICV}1}) \ c_{\text{pa}1,\text{o}} \right]} + \mu_{\text{Ja}1} \frac{\mathrm{d}p_{\text{a}1}}{\mathrm{d}x_1}
\end{aligned} \tag{6.52}$$

6.4 各层产量数学模型

6.4.1 流量控制阀温差模型

当流体通过流量控制阀阀孔时，由于阀孔的面积极小，所以阀孔出口处的流体压力降低，速度比上游的速度快得多。在这个过程中，流体通过阀孔的速度很高，时间很短，流体与外界的热交换可以忽略不计，可以认为这个过程是等焓流动过程，在该过程中流体存在节流温度效应，将公式（6.11）与公式（6.37）联立得阀孔前、后流体焓变如下：

$$\mathrm{d}h = c_\mathrm{p}\mathrm{d}T - c_\mathrm{p}\mu_\mathrm{JICV}\mathrm{d}p \tag{6.53}$$

由于该过程是等焓流动，流体焓变为零，可以得出阀孔前、后流体温度变化量与压降关系如下：

$$\Delta T_\mathrm{ICV} = \mu_\mathrm{JICV}\Delta p_\mathrm{ICV} = \mu_\mathrm{JICV}\left(p_\mathrm{a,u} - p_\mathrm{t,d}\right) \tag{6.54}$$

6.4.2 产层产量数学模型

由于每个层段的压力、温度传感器都安装在流量控制阀阀孔段的下游位置，流量控制阀上游位置的温度无法直接测得。流量控制阀阀孔段上游位置的温度是计算层段流体能量守恒的重要参数。因此，通过前一个产层油管内流体温度的测量值与产层油管温度梯度公式（6.52）计算得：

$$T_{tj,u} = T_{t(j-1),d} + x_j\frac{\mathrm{d}T_{t(j-1)}}{\mathrm{d}x_j} \tag{6.55}$$

各产层环空的流体通过流量控制阀阀孔流入油管内，并且在油管内进行混合。根据 Mckinley 的混合温度模型，可知油管内流体放出的热量与从流量控制阀阀孔进入的流体得到的热量相等，即：

$$Q_{\mathrm{mICV}j}\left[x_{\mathrm{wICV}j}c_{\mathrm{pa}j,\mathrm{w}} + (1 - x_{\mathrm{wICV}j})\,c_{\mathrm{pa}j,\mathrm{o}}\right]\left[T_{tj,d} - (T_{aj,u} - \Delta T_{\mathrm{ICV}j})\right] =$$
$$Q_{\mathrm{mt}(j-1)}\left\{x_{\mathrm{wt}(j-1)}c_{\mathrm{pt}(j-1),\mathrm{w}} + \left[1 - x_{\mathrm{wt}(j-1)}\right]c_{\mathrm{pt}(j-1),\mathrm{o}}\right\}\left(T_{tj,u} - T_{tj,d}\right) \tag{6.56}$$

由于

$$Q_{\mathrm{mt}j} = Q_{\mathrm{mt}(j-1)} + Q_{\mathrm{mICV}j} \tag{6.57}$$

令

$$c_{\mathrm{pa}j} = x_{\mathrm{wICV}j}c_{\mathrm{pa}j,\mathrm{w}} + (1 - x_{\mathrm{wICV}j})\,c_{\mathrm{pa}j,\mathrm{o}} \tag{6.58}$$

$$c_{\mathrm{pt}(j-1)} = x_{\mathrm{wt}(j-1)}c_{\mathrm{pt}(j-1),\mathrm{w}} + \left[1 - x_{\mathrm{wt}(j-1)}\right]c_{\mathrm{pt}(j-1),\mathrm{o}} \tag{6.59}$$

将各参数方程的解代入公式（6.56）可以计算出前 $j-1$ 个层段混合后的累积质量流量为：

$$Q_{mt(j-1)} = Q_{mtj} \left[c_{ptj} T_{tj,d} - c_{paj} \left(T_{aj,u} - \Delta T_{ICVj} \right) \right] \Big/ \left[c_{pt(j-1)} T_{tj,u} - c_{paj} \left(T_{aj,u} - \Delta T_{ICVj} \right) \right] \tag{6.60}$$

同理，得各产层质量流量为：

$$Q_{mlj} = \left\{ Q_{mtj} \left[c_{pt(j-1)} T_{tj,u} - c_{ptj} T_{tj,d} \right] \right\} \Big/ \left[c_{pt(j-1)} T_{tj,u} - c_{paj} \left(T_{aj,u} - \Delta T_{ICVj} \right) \right] \tag{6.61}$$

对智能完井产层进行能量传递方式分析，结合传热学、热力学等理论建立智能完井产层环空与油管内流体温度梯度计算模型，该温度梯度模型准确描述了各层环空与油管内流体的温度分布规律。结合智能完井产层环空与油管内流体压力梯度计算模型和流体混合温度模型建立各产层产量数学模型。

7　多层合采智能完井流入动态分析

流量控制阀是智能井系统中控制井下生产流体的关键工具，其主要功能是用来调节、控制井下各产层的产量和压力。流量控制阀安装在各个产层的顶部，穿越式封隔器的下部，产层与产层之间用穿越式封隔器封隔开。

7.1　单层智能完井流入动态分析

以智能完井 K 为例进行流入动态分析。智能完井 K 井深 3000m，采用 ϕ88.9mm 油管和 ϕ177.8mm 套管组合。流量控制阀安装在封隔器下部，产层的上部，产层平均压力为 19MPa，泡点压力为 13MPa。单层智能井生产示意图如图 7.1 所示。图 7.1 中节点 M 位于流量控制阀阀孔的上游位置，节点 N 位于流量控制阀阀孔下游位置。根据 Vogel 与 Petrobras 方程绘制出产层节点 M 的流入动态曲线（Inflow Performance Relationship，IPR），即节点流入曲线；利用 Beggs-Brill 方法绘制井口压力为 p 时的节点 N 的油管流入特性曲线 TPC1（Tubing Performance Curve，TPC），即节点流出曲线。将产层流量控制阀全开的 IPR 曲线与 TPC 曲线绘制在一个图内，两条曲线交于 A 点，如图 7.2 所示。交点 A 对应的产量是当前井口压力下生产系统的最大产量点。A 点对应的压力 $p_{\text{IPR-A}}$ 为 15.75MPa，产量 $q_{\text{IPR-A}}$ 为 48.5m^3/d。此时，流量控制阀处于全开状态，流体通过全开程度的阀孔时产生的压降非常小，可以忽略不计。

当井口压力不变，减小流量控制阀的阀孔开度，流体通过阀孔的局部阻力增大，在阀孔的上游节点 M 产生一个附加回压，该附加回压作用在

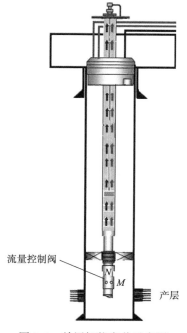

流量控制阀

产层

图 7.1　单层智能完井示意图

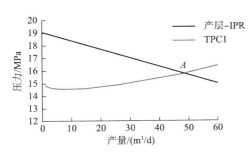

图 7.2　单层 IPR 曲线与 TPC 曲线

产层环空内流体上，致使产层中部的流压 p_{wf2} 升高。根据油藏渗流规律可知，当井底流压升高时，生产压差变小，产量降低，在节点 M 形成一个新的 IPR 曲线。

取产层的最大产量 q_{IPR-A} 的 55%、65% 和 85% 三个产量点，分别做这三个产量点的垂线，分别与产层 IPR 曲线交于 B、C 和 D 点，与 TPC1 曲线交于 b、c 和 d 点，从图 7.2 可知，当井口压力一定时，油管流入特性曲线 TPC1 与每个 IPR 曲线的交点均为相应系统下的最大产量。因此，b、c 和 d 三点同时也分别是 55%、65% 和 85% 三个流量控制阀节流开度的 IPR 曲线与 TPC1 的交点。将这三个节流 IPR 曲线与 TPC1、产层无节流的 IPR 绘制在一起，如图 7.3 所示。从图 7.3 中，可以看出节流后的 IPR 曲线相比较无节流的 IPR 曲线都减弱了很多。过 A 点做横坐标平行的直线，与 Bb、Cc 和 Dd 分别交于 B'、C' 和 D'。由于流量控制阀是从全开开始关小，节点 M 的压力是从 p_A 开始升高，则直线以上的压力 $p_{BB'}$、$p_{CC'}$ 和 $p_{DD'}$ 为阀孔节流产生的附加回压，从图 7.3 中可以看出，节流越大，阀孔开度越小，产生的附加回压越大。从图 7.3 中可以看出，将产量降到 q_{IPR-A} 的 65%，需要将流量控制阀阀孔关小，增加阀孔上游节点 M 的附加回压，使节点 M 的压力升高至压力 p_{IPR-C}。则流体通过节点 M 与节点 N 产生的压降 Δp_{ICV-C} 为流量控制阀阀孔产生的压差，即

$$\Delta p_{ICV-C} = p_{IPR-C} - p_{TPC-C} \qquad (7.1)$$

从图 7.3 可以看出随着流量控制阀阀孔开度的减少，阀孔产生的压差也越来越大。流量控制阀通过这种方式实现均衡压力和调节流量的作用。

将压差 Δp_{ICV-B}、Δp_{ICV-C}、Δp_{ICV-D} 与 B、C、D 三点的产量代入公式（4.13）可以确定 B、C 和 D 点对应的综合流量系数 C_{vb}、C_{vc} 和 C_{vd}。结合综合流量系数与开度的关系曲线即可确定这三个节流阀孔的开度。

将不同阀孔开度产生的压差 Δp_{ICV} 绘制成阀孔压差曲线，根据综合流量系数 C_{vb}、C_{vc} 和 C_{vd} 绘制出 55%、65% 和 85% 三个流量控制阀节流开度的阀孔流入动态特征曲线，这三条阀孔流入动态曲线与阀孔压差 Δp_{ICV} 曲线交于 b'、c' 和 d' 三点。将阀孔开度压差曲线与阀孔的流入动态特征曲线与流量控制阀节流 IPR 曲线叠加在一起，如图 7.4 所示。从图 7.4 中可以看出，交点 b'、c' 和 d' 的纵坐标分别为 55%、65% 和 85% 三个流量控制阀节流开度对应的压差，横坐标分别为 b、c 和 d 的横坐

标。因此，根据目标体积产量和阀孔的开度即可确定阀孔产生的相应的压差；反过来根据目标体积产量和目标压差即可确定阀孔的开度。图 7.4 充分说明了流量控制阀阀孔的开度与相应流入动态的对应关系。

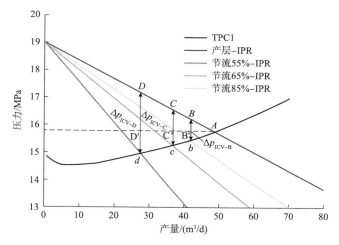

图 7.3　流量控制阀节流 IPR 曲线

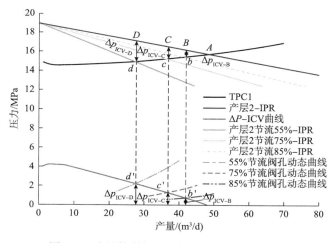

图 7.4　流量控制阀压差与流入动态特性曲线

7.2　多层合采智能完井流入动态分析

多层合采时，各个产层之间的渗透率和地层压力不同，使各个产层的产能不同。采用常规合采时，往往会出现倒灌或某个产层压死的情况，导致单井的产量很低，最终采收率很低。智能井通过井下流量控制阀均衡各个产层之间的压力，使各

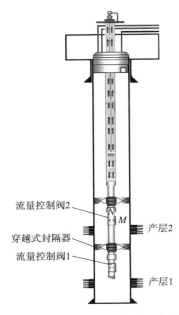

流量控制阀2

穿越式封隔器

流量控制阀1

产层2

产层1

图 7.5　双层合采智能完井示意图

个产层都能独立生产，避免井筒内的压力干扰，消除了倒灌和压死的情况，提高单井产量的同时，最大限度地提高最终采收率。多层合采智能完井示意图如图 7.5 所示。

由于产层 1 与产层 2 距离很近，因此认为两个产层的地层压力相同。将智能完井 K 的数据绘制出产层 1 和产层 2 无节流的 IPR 曲线与合采 IPR 曲线，如图 7.6 所示。从图 7.6 中可以看出 TPC1 曲线与双层合采 IPR 曲线交于平衡点 E。过 E 点做横坐标的平行线，分别与产层 1 和产层 2 的无节流 IPR 曲线交于 F 和 G 点，F 和 G 点对应的产量是当前生产系统下两个产层的各自分配量。

将产层 2 的流量控制阀阀孔调小，产层 1 的流量控制阀仍然为全开状态。调控后重新达到平衡，产层 2 流量控制阀节流调控后的 IPR 曲线如图 7.7 所示。根据单层智能井流入动态的分析结果，可知当产层 2 的流量控制阀阀孔变小后，产层 2 的产量降低，同时节点 M 处的压力降低，导致双层合采 IPR 曲线向左移动，节流后的合采 IPR 曲线与 TPC1 曲线交于平衡点 E'。新平衡点 E' 在平衡点 E 的左侧，由于平衡后的压力降低，使产层 1 的平衡点 G' 右移，产层 1 的产量增加。过 F' 点做垂线，产层 2-IPR 与和 TPC1 分别交于 F_3 和 F_4 点。根据单层的流入动态分析可知，$\Delta p_{\mathrm{ICV\text{-}F_3F_4}}$ 为流体通过节点 M 与节点 N 产生的压降。

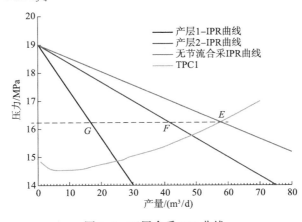

图 7.6　双层合采 IPR 曲线

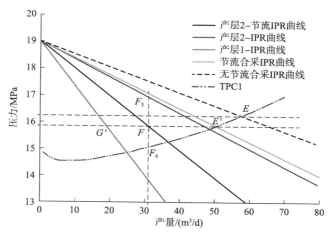

图 7.7 产层 2 调控节流后 IPR 曲线

将井口压力降低至 p'，绘制节点 N 的油管流入特性曲线 TPC2，并且将其叠加在产层 2 调控节流后的 IPR 曲线图内，如图 7.7 所示。从图 7.8 中可以看出当降低井口压力后，重新达到平衡的平衡点 E'' 向右侧移动，同时压力降低，使产层 1 和产层 2 的平衡点 G'' 和 F'' 向右移动，产层 1 和产层 2 的产量增加，并且增加幅度很大。

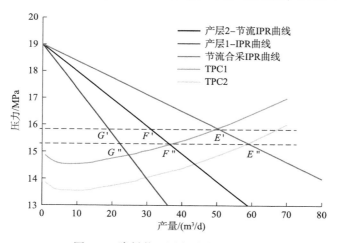

图 7.8 降低井口压力后的 IPR 曲线

根据多层合采智能井流入动态曲线预测调控流量控制阀阀孔开度的过程为：当根据现场情况需要限制某产层的产量时，利用已经绘制好的 IPR 曲线与 TPC 曲线确定目标产量，再根据 IPR 曲线与 TPC 曲线确定阀孔产生的压差，利用公式（4.13）与公式（4.12）确定阀孔的面积，即确定了流量控制阀阀孔的开度，再通过地面的操控系统调节该产层的流量控制阀的滑套运行到相应阀孔开度的位置，进而实现对产量层的产量与压力的控制。

从单层智能完井的流入动态分析到双层的流入动态分析,以调控某一个产层,其余产层的流量控制阀处于全开的状态,从根本上分析与解释清楚流量控制阀调控各产层压力与产量的原理,说明流量控制阀阀孔开度与产层流入动态的关系,为智能完井各层产量优化调控理论研究做铺垫。

附录 变量符号说明

q——流量，m^3/s

C_d——流量系数

ρ——流体密度，kg/m^3

A_t——油管面积，m^2

A_a——套管环空面积，m^2

α——阀孔开度系数

Δp——压差，Pa

ζ——摩擦因数

d——密封相对运动处直径，m

h——密封圈有效高度，m

p——工作压力，Pa

F_n——垂直摩擦面法向正压力，N

f_ζ——摩擦系数

D——接触面直径，cm

φ——V形角度，（°）

p'——作用压力，kg/cm^2

v_s——同步速度，m/s

ρ'_t——次级表面电阻，Ω

S——移差率

G——品质因数

I'_a——次级圆周长，m

L_s——初级轴向长，m

N——线圈匝数

I_s——初级电流，A

τ——极距，m

F_I——弹性锁爪解锁力，N

F_ζ——组合密封摩擦力，N

L——直线电机定子长度，m

S——线圈绕组间距，m

L_u——上连接头长度，m

L_d——下连接头长度，m

L'——位移铁芯长度，m

ρ_r——次级电阻率，$\Omega \cdot cm$

t——次级壁厚，cm

v——运行速度，m/s

J_n——初级表面电流，A

f——电流频率，Hz

μ_0——真空磁导率

σ——表面电导率

g——气隙

$h_{ICV\text{-}u}$——流量控制阀阀孔上游局部水头损失，m

$h_{ICV\text{-}d}$——流量控制阀阀孔下游局部水头损失，m

ρ_L——产层流体密度，kg/m^3

v_a——产层流体在环空中的平均速度，m/s

v_t——产层流体在油管中的平均速度，m/s

v_{ICV}——产层流体通过阀孔时的平均速度，m/s

q_a——环空内产层流体的流量，m^3/s

y——流量控制阀阀孔打开的长度，m

C_v——流量控制阀综合流量系数，$m^3/(s \times Pa^{0.5})$

C——干扰修正系数

a——开度系数，%

Δp——总压降，Pa

Δp_{acc}——加速度压降，Pa

Δp_{wall}——壁面摩擦压降，Pa

Δp_g——重力压降，Pa

Δp_{mix}——混合压降，Pa

$\bar{v}_{aj}$——井筒环空孔眼段平均流速，m/s

f_T——视摩擦系数

$Q_{ma,in}$——井筒环空孔眼段上游端部质量流量，m^3/s

$\overline{Q}_{ma}$——井筒环空平均质量流量，m^3/s

φ——孔眼密度，单位长度上孔眼的个数

ω——圆管粗糙度

ρ_{tj}——第j层阀孔段出口端流体密度，kg/m^3

f_t——油管常规管壁摩擦系数

$l_{tj,u}$——第j层阀孔段上游假设压力测点距阀孔长度，m

$l_{tj,d}$——第j层阀孔段下游压力测点距阀孔长度，m

Q_{mws}——单个射孔孔眼流入流体的质量流量，kg/s

A_{ws}——射孔孔眼面积，m^2

μ_c——连续相的黏度，$mPa\cdot s$

ξ——分散相的含量，%

ICV——流量控制阀

Gr——葛拉晓夫数

Pr——普朗特数

Re——雷诺数

Q——热流密度，W/m^2

h_i——流体i相比焓，J/kg

v——速度，m/s

ρ——密度，kg/m^2

y_i——流体i相体积分数，%

ϑ——射孔孔眼面积分数，%

ε——内能，J

ψ——阀孔孔眼面积分数，%

μ_J——焦汤系数

U——传热系数，$W/(m^2\cdot℃)$

μ——比内能，J/kg

$T_{t,u}$——阀孔段上游流体温度，℃

k——渗透率，$10^{-3}\mu m^2$

$T_{t,d}$——阀孔段下游混合流体温度，℃

x_w——质量含水率，%

$p_{t,u}$——阀孔段上游流体压力，Pa

ΔT_{ICV}——流体经过阀孔产生的温差

$p_{t,d}$——阀孔段下游混合流体压力，Pa

$\overline{p_r}$——油藏平均压力，Pa

$T_{a,u}$——环空顶部流体温度，℃

p_e——原始油藏压力，MPa

$T_{a,b}$——环空底部流体温度，℃

p_{as}——流量控制阀关闭时环空压力，MPa

$p_{a,u}$——环空顶部流体压力，Pa

θ——井筒倾角，（°）

$p_{a,b}$——环空底部流体压力，Pa

$Q_{j,adj}$——第 j 层段上下邻层热流密度，W/m^2

r——径向变量，m

λ——导热系数，W/（m×℃）

a——油套环空

β——热膨胀系数，K^{-1}

c——套管

Q_m——质量流量，kg/s

t——油管

Q_{mtj}——第 j 层段阀孔段出口端流体质量流量，kg/s

f——产层

Q_{mlj}——第 j 层段产层流体流入环空总质量流量，kg/s

I——产层流入环空的流体

q——体积流量，m^3/s

i——内径

q_{ws}——孔眼入流量，m^3/s

o——外径

$v_{t,d}$——阀孔下游混合流体速度，m/s

cement——水泥环

$v_{a,u}$——环空顶部流体速度，m/s

u——阀孔段上游位置

$v_{a,b}$——环空底部流体速度，m/s

d——阀孔段下游位置

c_p——比定压热容，J／（kg·℃）

wb——井眼

c_v——定容比热容，J／（m³×℃）

e——油藏外部边界

x_j——第 j 层上下封隔器间距，m

ϑ——射孔孔眼

$x_{j,a}$——第 j 层从上至下任一点距离，m

l——液体

$x_{j,t}$——第 j 层从下至上任一点距离，m

i——o，w，g

γ——对流换热系数，W／（m²·℃）

w——壁面

μ——黏度，mPa·s

$\bar{\mu}$——混合流体平均黏度，mPa·s

参 考 文 献

［1］ A. J. Chapman. 传热学［M］. 北京：冶金工业出版社，1984：326－327.

［2］ Brown，K. E. Beggs，H. D.. 举升法采油工艺［M］. 北京：石油工业出版社，1987：181－182.

［3］ Holland，F. A.，Moores，R. M. et al. Heat Transfer［M］. 北京：机械工业出版社，1970：511－526.

［4］ L. W. 莱克. 提高石油采收率的科学基础［M］. 北京：石油工业出版社，1992：24－25.

［5］ 北京蔚蓝仕科技有限公司［EB/OL］. http://www.weilanshi.com/.

［6］ 曹建明，李跟宝. 高等工程热力学［M］. 北京：北京大学出版社，2010：211－212.

［7］ 陈军斌，张荣军，孟庭宇. 利用 BP 网络技术进行油井流入动态分析方法研究［J］. 西安石油学院学报：自然科学版，2002，17(6)：35－39.

［8］ 陈元千. 无因次 IPR 曲线通式的推导及线性求解方法［J］. 石油学报，1986，18(2)：21－24.

［9］ 党文辉，刘颖彪，等. 多节点智能完井技术研究与应用［J］. 石油机械，2016，44(3)：12－17.

［10］ 冯劲梅. 流体力学［M］. 武汉：华中科技大学出版社，2010：101－106.

［11］ 付晓松，姚艳华. 光纤井下监测技术装备及应用［J］. 油气井测试，2010，3(19)：69－70.

［12］ 郭海敏. 生产测井导论［M］. 北京：石油工业出版社，2003：287－289.

［13］ 何生厚. 采油工程手册［M］. 北京：中国石化出版社，2006：215－217.

［14］ 何生厚. 油气开采工程师手册［M］. 北京：中国石化出版社，2006：38－40.

［15］ 侯培培，段永刚，严小勇. 智能完井技术［J］. 天然气勘探与开发，2008，31(1)：40－43.

［16］ 黄炳光，李顺初，周荣辉. IPR 曲线在水平井动态分析中的应用［J］. 石油勘探与开发，1995，22(5)，56－61.

［17］ 黄志强，罗旭，彭世金，等. 智能井智能优化开采系统软件开发［J］. 石油钻采工艺，2014，36(6)：55－59.

［18］ 贾礼霆，何东升，等. 流量控制阀在智能完井中的应用分析［J］. 机械研究与应用，2015，

28(135)：18 – 21.

[19] 贾振歧．关于沃格尔流动方程及其系数关系的推证[J]．大庆石油学院学报，1986，15（1）：12 – 15.

[20] 贾振歧．预测油井动态的 IPR 曲线方法[J]．大庆石油管理局科技发展部，1987：82 – 91.

[21] 杰西．S. 杜利特尔，弗朗西斯．J. 黑尔．工程热力学[M]．北京：冶金工业出版社，1992：194 – 195.

[22] 卡里卡，戴斯蒙德，等．工程传热学[M]．北京：人民教育出版社，1981：280 – 304.

[23] 孔祥言．高等渗流力学[M]．北京：中国科技技术大学出版社，2010：44 – 47.

[24] 李璺，陈军斌．油气渗流力学[M]．北京：石油工业出版社，2009：18 – 27.

[25] 李虎．基于改进 BP 神经网络的油井流入动态研究[J]．复杂油气藏，2011，4（3）：71 – 75.

[26] 李存田，王甲荣．应用多层油藏三相流入动态优化采油井流压[J]．中外能源，2007，12（5）：57 – 60.

[27] 李红民，高宏伟，刘波，等．一种新型的光纤光栅涡街流量传感器[J]．传感技术学报，2006，19（4）：1195 – 1197.

[28] 李新华，田争，薛靖，等．密封元件选用手册[M]．北京：机械工业出版社，2011：27 – 28.

[29] 李颖川．采油工程[M]．北京：石油工业出版社，2009：34 – 38.

[30] 廖帮全，赵启大，冯德军，等．光纤耦合模理论及其在光纤布拉格光栅上的应用[J]．光学学报，2002.22（11）：1340 – 1344.

[31] 廖成龙，张卫平，黄鹏，等．电控智能完井技术研究及现场应用[J]．石油机械，2017，45（10）：81 – 85.

[32] 廖延彪，黎敏．光纤传感器的今日与发展[J]．传感器世界，2004，10（2）：6 – 12.

[33] 廖延彪．光纤光学[M]．北京：清华大学出版社，2000.

[34] 刘均荣，姚军，张凯．智能井技术现状与展望[J]．油气地质与采收率，2007.14（6）：107 – 110.

[35] 刘君华．传感器技术及应用实例[M]．北京：电子工业出版社，2008.

[36] 刘义刚，陈征，等．渤海油田分层注水井电缆永置智能测调关键技术[J]．石油钻探技术，2019，47（3）：133 – 139.

[37] 马庆元，郭继平．流体力学及输配管网[M]．北京：冶金工业出版社，2011：88 – 100.

[38] 莫德举，马永成，王波．光纤式质量流量计的研究[J]．光电工程，2004，31（9）：49 – 52.

[39] 钱杰，沈泽俊，等．中国智能完井技术发展的机遇与挑战[J]．石油地质与工程，2009，23（2）：76 – 79.

[40] 曲从锋，王兆会，袁进平．智能完井的发展现状和趋势[J]．国外油田工程，2010，26

（7）：28－31.

[41] 阮臣良，朱和明，冯丽莹．国外智能完井技术介绍[J]．石油机械，2011，39（3）：82－84.

[42] 沈维道，童钧耕．工程热力学[M]．北京：高等教育出版社，2007：40.

[43] 沈泽俊，张卫平，钱杰，等．智能完井技术与装备的研究和现场试验[J]．石油机械，2012，40（10）：67－71.

[44] 时炀，郭冀义，蒋凯军．单相流及具有溶解气影响的油井不稳定IPR理论曲线[J]．油气井测试，1997，6（4）：22－25.

[45] 苏亚欣．传热学[M]．湖北：华中科技大学出版社，2009：17－36.

[46] 苏永新．一种新型的油井流入动态曲线[J]．油气井测试，2001，10（5）：10－15.

[47] 陶文铨．传热学[M]．陕西：西北工业大学出版社，2006：29－30.

[48] 田新启．光纤速度式涡轮流量传感器[J]．自动化仪表，2000，21（3）：14－16.

[49] 汪志明，崔海清，何光渝．流体力学[M]．北京：石油工业出版社．2007：56－142.

[50] 汪志明，肖京男，等．水平井筒油水变质量分散流动压降研究[J]．水动力学研究与进展，2011，26（3）：284－288.

[51] 汪志明，张松杰，等．水平井筒射孔完井变质量流动压降规律[J]．石油钻采工艺，2007，29（3）：4－7.

[52] 汪志明．油气井流体力学与工程[M]．北京：石油工业出版社，2008：133－146.

[53] 王波．光纤涡街流量计的研究[J]．光纤光缆传输技术，2003（02）：31－34.

[54] 王波．光纤涡街流量计的研制[D]．北京：北京化工大学，2004.

[55] 王金龙，张冰，王瑞，张宁生，汪跃龙．智能井井下流量控制阀研制[A].2017国际石油石化技术会议，北京，2017年3月20—22日.

[56] 王金龙，张冰，汪跃龙，王樱茹．智能完井技术概论[M]．北京：中国石化出版社，2020.

[57] 王金龙，张宁生，陈军斌．多层合采智能井实时压力与温度分析模型[J]．大庆石油地质与开发，2015，34（6）：71－76.

[58] 王金龙，张宁生，汪跃龙，等．智能井系统设计研究[J]．西安石油大学学报：自然科学版，2015，30（1）：83－88.

[59] 王金龙，张宁生，杨波，等．国外智能完井层段控制阀技术解析[A].2013油气藏监测与管理国际会议暨展会，西安，2013.

[60] 王金龙．多层合采智能井流入动态及控制装置研究[D]．北京：中国石油大学，2016：21－37.

[61] 王晓林，聂上振，王丽东．井下光纤多相流量计[J]．石油机械，2003，31（3）：54－55.

[62] 王晓林，王丽东．井下光纤多相流量计[J]．石油机械，2003，31（3）：54－55.

[63] 王新英，赵炜．智能完井技术[J]．国外油田工程，2004，20（2）：29－31.

[64] 王兆会，曲从峰，袁进平．智能完井系统的关键技术分析[J]．石油钻采工艺，2009，(31)5：1－4.

[65] 王兆会，曲从峰．遇油气膨胀封隔器在智能完井系统中的应用[J]．石油机械，2009，37(8)：96－97.

[66] 威尔蒂．工程传热学[M]．北京：人民教育出版社，1982：255－261.

[67] 邬田华，王晓墨，许国良，等．工程传热学[M]．湖北：华中科技大学出版社，2011：137－208.

[68] 吴望一．流体力学[M]．北京：北京大学出版社．2006：157－158.

[69] 武继辉，申茂和．智能无线遥控分注系统的研究与应用[J]．石油天然气学报：江汉石油学院学报，2014，36(8)：159－160.

[70] 肖述琴，陈军斌，屈展．智能完井综合系统[J]．西安石油大学学报：自然科学版，2004，19(2)：37－40.

[71] 许胜，陈贻累，杨元坤，等．智能井井下仪器研究现状及应用前景[J]．石油仪器，2011，25(1)：46－48.

[72] 许国良，王晓墨，邬田华，等．工程传热学[M]．北京：中国电力出版社，2011：21－22.

[73] 杨满平，任宝生．流压低于饱和压力油藏油井流入动态方程理论研究[J]．油气井测试，2007，1(16)：4－7.

[74] 杨树人，汪志明，等．工程流体力学[M]．北京：石油工业出版社，2006：49－122.

[75] 杨万有，王立苹，张凤辉，等．海上油田分层注水井电缆永置智能测调新技术[J]．中国海上油气，2015，27(3)：91－95.

[76] 姚军，刘均荣，张凯．国外智能井技术[M]．北京：石油工业出版社，2011.

[77] 姚善化．光纤拉曼散射效应在传感和通信技术中的应用[J]．光电子技术与信息，2003，4：24－27.

[78] 姚志良，李明忠，等．直井多层油藏合采流入动态特性[J]．油气田地面工程，2010，29(4)：22－23.

[79] 伊萨琴科(苏)，等．传热学[M]．北京：高等教育出版社，1987：162－163.

[80] 油藏永久监测[J]．油田新技术，2010.22.

[81] 于乐香，周生田，张琪．水平井筒流体变质量流动压力梯度模型[J]．石油大学学报：自然科学版，2001，25(4)：47－48.

[82] 于清旭，王晓娜，宋世德，等．光纤FP腔压力传感器在高温油井下的应用研究[J]．光电子激光，2007，18(3)：299－302.

[83] 余金陵，魏新芳．胜利油田智能完井技术研究新进展[J]．石油钻探技术，2011，39(2)：68－72.

[84] 张娇，王浩，谢天，王金龙，张宁生．智能完井自动气举理论研究[J]．石油钻采工艺，2017，39(6)：737－743.

[85] 张亮，刘景超，等. 智能完井系统关键技术研究[J]. 中国造船，2017，58（1）：572–577.

[86] 张琪. 油气开采技术新进展[M]. 山东：石油大学出版社，2006：261–272.

[87] 张成君，李越，等. 机械式智能分层注水工艺技术研究与应用[J]. 石油化工高等学校学报，2019，32（4）：99–103.

[88] 张凤辉，薛德栋，等. 智能完井井下液压控制系统关键技术研究[J]. 石油矿场机械，2014，43（11）：7–10.

[89] 张国辉，陈荣. 智能完井控制油藏流体[J]. 国外油田工程，2009，25（7）：32–36.

[90] 张劲松，光通信，陶智勇，等. 光波分复用技术[M]. 北京：北京邮电大学出版社，2002.

[91] 张俊斌，张亮，等. 智能完井控制系统的构建及试验[J]. 石油机械，2019（6）：355–358.

[92] 张朋，王宁，陈艳，等. 光纤传感器的发展与应用[J]. 现代物理知识，2009（002）：35–36.

[93] 郑祥克，陶永建. IPR 方法确定启动压力的探索[J]. 油气井测试，2002，11（6）：1–5.

[94] 周生田，张琪，等. 孔眼流入对水平井中流动影响的实验研究[J]. 实验力学，2000，15（3）：306–311.

[95] 周生田，张琪，等. 水平井筒变质量流体流动实验研究[J]. 石油大学学报：自然科学版，1998，22（5）：53–55.

[96] A. B. Zolotukhin. Analytical Definition of the Overal Heat Transfer Coefficient[C]. SPE 7964, 1997.

[97] A. JAHANBANI, S. R. SHADIZADEH. Determination of Inflow Performance Relationship(IPR) by Well Testing[J]. Canadian International Petroleum Conference, 2009：1–11.

[98] A. Romero, D. Zhu, and A. D. Hill. Temperature Behavior in Multilateral Wells：Application to Intelligent Wells[C]. SPE 94982, 2005.

[99] Ahmed H. Alhuthali, Akhil Datta-Gupta, et al. Field Applications of Waterflood Optimization via Optimal Rate Control With Smart Wells[C]. SPE 118948, 2009.

[100] Anbo Wang, et a1. Self-calibrated interferometric/intensity-based optical fiber sensors[J]. IEEE Journal of LJ ghtwave Technology, 2001, 19(10)：1495–1501.

[101] Arashi Ajayi, Michael Konopczynski. A Dynamic Optimisation Technique for Simulation of Multi-Zone Intelligent Well Systems in a Reservoir Development[C]. SPE 83963, 2003.

[102] Arashi Ajayi. Defining and Implementing Functional Requirements of an Intelligent-Well Completion System[C]. SPE 107829, 2007.

[103] Ayrat Ramazanov, Rim Valiullin. Inversion in the Transient Temperature Behavior in the Intervals of Oil and Water Inflow：Theory and Technique for Application[C]. SPE 160834, 2012.

[104] Baker Hughes. Flow Control Systems [EB/OL]. 30573-flowcontrol-catalog-1210. pdf-Incharge

Intelligent Production Regulator(IPR): 59.

[105] Bing Zhang, Jinlong Wang, Ningsheng Zhang, 2018. New Method of Rate History Calculation Based on PDG Pressure Data of Intelligent Well. IPPTC-20181978, 2018 International Petroleum and Petrochemical Technology Conference(IPPTC)in Beijing, China, 27 – 29 March, 2018.

[106] Changhong Gao, T. Rajeswaran, et al. A Literature Review on Smart-Well Technolog[C]. SPE 106011, 2007.

[107] F. T. Al-Khelaiwi, V. M. Birchenko, et al. Advanced Wells: A Comprehensive Approach to the Selection between Passive and Active Inflow Control Completions[C]. SPE 132976, 2010.

[108] Fajhan H. Almutairi, David R. Davies. Modification of Temperature Prediction Model to Accommodate I-Well Complexities[C]. SPE 113594, 2008.

[109] Fetkovich. The Isochronal Testing of Oil Wells[C]. SPE 4529, 1973.

[110] G. H. Aggrey, D. R. Davies. Data Richness and Reliability in Smart-Field Management-Is There Value? [C]. SPE 102867, 2006.

[111] Gregor Deans, Derek Chaplin. Use of a Parallel System for ImProving Subsea Intelligent Well Control, Monitoring and Reliability[C]. SCADA 1065, 2010.

[112] H. Gai. Downhole Flow Control Optimization in the Worlds 1st Extended Reach Multilateral Well at Wytch Farm[C]. SPE 67728, 2001.

[113] Halliburton. COMPLETION SOLUTIONS. Developing Smart Well Technology HPHT Environment. pdf.

[114] Hasan, A. R. and Kabir, C. S. Fluid Flow and Heat Transfer in Wellbores[J]. Society of Petroleum Engineers, Richardson, TX, 2002.

[115] Ikemefula C. Nwogu, Anthony Oyewole. Delivering Relevant Time Value Through i-Field Application: Agbami Well Start-Up Case Study[C]. SPE 140640, 2010.

[116] J. C. Rodriguez, A. R. Figueroa. Intelligent Completions and Horizontal Wells Increase Production and Reduce Free-Gas and Water in Mature Fields[C]. SPE 139404, 2010.

[117] Jameel Rahman, Clifford Allen, Gireesh Bhat. Second-Generation Interval Control Valve(ICV) Improves Operational Efficiency and Inflow Performance in Intelligent Completions [C]. SPE 150850, 2012.

[118] Jim Stevenson. A Combination of Expandable Sand Screens and Intelligent Control Systems in the Okwori Completions Offshore Nigeria[C]. OTC 18484, 2007.

[119] Jinlong Wang, Ningsheng Zhang, Junbin Chen, Yingru Wang. Data Analysis of the Real-time Pressure and Temperature along the wellbore in Intelligent Well Lei 632 with Commingling Production in LH Oilfield[J]. Journal of Petroleum Science and Engineering, 138(2016): 18 – 30.

[120] Jinlong Wang, Ningsheng Zhang, Yuelong Wang, Bing Zhang, Yingru Wang. Development of

a downhole incharge inflow control valve in intelligent wells[J]. Journal of Natural Gas Science and Engineering, 29(2016): 559 – 569.

[121] Kai Sun, Craig Coull, Jesse Constantine. A Practice of Applying Downhole Real Time Gauge Data and Control-Valve Settings to Estimate Split Flow Rate for an Intelligent Injection Well System[C]. SPE 115135, 2008.

[122] K. M. Muradov, D. R. Davies. Prediction of Temperature Distribution in Intelligent Wells[C]. SPE 114772, 2008.

[123] K. M. Muradov, D. R. Davies. Temperature Transient Analysis in a Horizontal, Multi-zone, Intelligent Well[C]. SPE 150138, 2012.

[124] K. Yoshioka, D. Zhu, A. D. Hill, et al. A Comprehensive Model of Temperature Behavior in a Horizontal Well[C]. SPE 95656, 2005.

[125] K. Yoshioka, D. Zhu, A. D. Hill, et al. Detection of Water or Gas Entries in Horizontal Wells From Temperature Profiles[C]. SPE 100209, 2006.

[126] K. Yoshioka, Ding Zhu, et al. Interpretation of Temperature and Pressure Profiles Measured in Multilateral Wells Equipped with Intelligent Completions[C]. SPE 94097, 2005.

[127] K. M. Muradov, D. R. Davies. Temperature Modeling and Analysis of Wells with Advanced Completion[C]. SPE 121054, 2009.

[128] Kevin Jones, Baker Oil Tools. Baker installs all-electronic intelligent well system[D]. DRILLING CONTRACTOR, 2002.03/04: 34 – 35.

[129] Khafiz Muradov, David Davies. Some Case Studies of Temperature and Pressure Transient Analysis in Horizontal, Multi-zone, Intelligent Wells[C]. SPE 164868, 2013.

[130] Luigi Saputelli, Omole Oluwole, et al. Inflow Performance Identification and Zonal Rate Allocation from Commingled Production Tests in Intelligent Wells-Offshore West Africa[C]. SPE 146991, 2011.

[131] M. F. Silva Junior, K. M. Muradov. Modeling and Analysis of Temperature Transients Caused by Step-Like Change of Downhole Flow Control Device Flow Area[C]. SPE 153530, 2012.

[132] Michael Konopczynski, Arashi Ajayi. Design of Intelligent Well Downhole Valves for Adjustable Flow Control[C]. SPE 90664, 2004.

[133] Mohamed Elias, H. Ahmed El-Banbi, et al. New Inflow Performance Relationship for Solution-Gas Drive Oil Reservoirs[C]. SPE 124041, 2009.

[134] Mohammed A Abduldayem, et al. Intelligent Completions Technology Offers Solutions to Optimize Production and Improve Recovery in Quad-Lateral Wells in a Mature Field[C]. SPE 110960, 2007.

[135] Muhammad Shafiq. First High Pressure and High Temperature Digital Electric Intellitite Welded Permanent Down Hole Monitoring System for Gas Wells[C]. SPE 120817, 2008.

[136] Nashi M. Al-Otaibi. Smart-Well Completion Utilizes Natural Reservoir Energy To Produce High-Water-Cut and Low-Productivity-Index Well in Abqaiq Field[C]. SPE 104227, 2006.

[137] Nigel Snaith. Experience With Operation Of Smart Wells To Maximise Oil Recovery From Complex Reservoirs[C]. SPE 84855, 2003.

[138] O. H. ünalmis, E. S. Johansen. Evolution in Optical Downhole Multiphase Flow Measurement: Experience Translates into Enhanced Design[C]. SPE 126741, 2010.

[139] Om Prakash Das, Khalaf Al-Enezi, et al. Novel Design and Implementation of Kuwait's First Smart Multilateral Well with Inflow Control Device and Inflow Control Valve for Life-cycle Reservoir Management in High Mobility Reservoir, West Kuwait [J]. Society of Petroleum Engineers, 2012: 1 – 17.

[140] Patrick Meum. Optimization of Smart Well Production Through Nonlinear Model Predictive Control [C]. SPE 112100, 2008.

[141] Paulo Tubel, Mark Hopmann. Intelligent Completion for Oil and Gas Production Control in Subsea Multi-lateral Well Applications[C]. SPE 36582, 1996.

[142] R. Ettehadi Osgouei, S. Z. Miska, et al. Annular Pressure Build Up(APB) Analysis-Optimization of Fluid Rheology[C]. SPE 170262, 2014.

[143] Rolf J. Lorentzen, Ali Shafieirad, et al. Closed Loop Reservoir Management Using the Ensemble Kalman Filter and Sequential Quadratic Programming[C]. SPE 119101, 2009.

[144] S. Gasbarri, V. Martinez, J. Garcia, et al. Inflow Performance Relationships for Heavy Oil[C]. SPE 122292, 2009.

[145] Schlumberger. DECIDE! -生产数据监测和数据分析软件[EB/OL]. DECIDE_ intro. pdf.

[146] Travis Billiter, John Lee, Robert Chase. Dimensionless Inflow-Performance-Relationship Curve for Unfractured Horizontal Gas Wells[C]. SPE 72361, 2001.

[147] Turhan Yildiz. Inflow Performance Relationship for Perforated Horizontal Wells [C]. SPE 67233, 2001.

[148] V. Tourillon, et al. An Integrated Electric Flow-control System Installed in the F-22 Wytch Farm Well[C]. SPE 71531, 2001.

[149] Vogel, J. V. Inflow Performance Relationships for Solution-Gas Drive Wells[J]. Journal of Petroleum Technology, Jan. 1968: 83 – 92

[150] W. R. Brock, E. O. Oleh. Application of Intelligent-Completion Technology in a Triple-Zone Gravel Packed Commingled Producer[C]. SPE 101021, 2006.

[151] Weatherford. REAL RESULTS. wft033453. pdf.

[152] Weibo Sui, C. Ehlig-Economides, Ding Zhu, et al. Determining Multilayer Formation Properties from Transient Temperature and Pressure Measurements in Commingled Gas Wells [C]. SPE 131150, 2010.

[153] Wiggins, et al. Analytical Development of Vogel-Type Inflow Performance Relationships[C]. SPE 23580, 1996.

[154] Xu Dekui, Zhong Fuwei, Wang Fengshan, et al. Smart Well Technology in Daqing Oil Field [C]. SPE 161891, 2012.

[155] Yan Chen, Dean S. Oliver, et al. Effcient Ensemble-Based Closed-Loop Production Optimization [C]. SPE 112873, 2008.

[156] Zhang Bing, Jiyou Xiong, Ningsheng Zhang, Jinlong Wang. Improved method of processing downhole pressure data on smart wells[J]. Journal of Natural Gas Science and Engineering, 34 (2016): 1115 – 1126.

[157] Zhiqiang Huang, et al. Study of the Intelligent Completion System for Liaohe Oil Field[J]. Procedia Engineering, 15(2011): 739 – 746.

[158] Zhuoyi Li, Ding Zhu. Optimization of Production Performance with ICVs by Using Temperature-Data Feedback in Horizontal Wells[C]. SPE 135156, 2010.

[159] Ван Цзиньлон, Чжан Ниншенг, Золотухин Анатолий Борисович, Оптимизация работы высокотехнологичных скважин. Neftegaz[J]. RU, 2018(6): 38 – 45.